新/农/村/书/屋>畜/禽/养/殖/技/术

猪病诊治关键技术一点通

蔺祥清　褚耀诚　乔海云　著

河北出版传媒集团
河北科学技术出版社

图书在版编目（CIP）数据

猪病诊治关键技术一点通 / 蔺祥清，褚耀诚，乔海云著. -- 石家庄：河北科学技术出版社，2017.4（2018.7 重印）

ISBN 978-7-5375-8277-3

Ⅰ. ①猪… Ⅱ. ①蔺… ②褚… ③乔… Ⅲ. ①猪病－诊疗 Ⅳ. ① S858.28

中国版本图书馆 CIP 数据核字 (2017) 第 030783 号

猪病诊治关键技术一点通

蔺祥清　褚耀诚　乔海云　著

出版发行： 河北出版传媒集团　河北科学技术出版社
地　　址： 石家庄市友谊北大街 330 号（邮编：050061）
印　　刷： 天津　宸印刷有限公司
开　　本： 710mm×1000mm　1/16
印　　张： 10
字　　数： 128 千字
版　　次： 2017 年 7 月第 1 版
印　　次： 2018 年 7 月第 2 次印刷
定　　价： 32.80 元

如发现印、装质量问题，影响阅读，请与印刷厂联系调换。
厂址：天津市子牙循环经济产业园区八号路 4 号 A 区
电话：（022）28859861　邮编：301605

前言 /Catalogue

我国的养猪业已从初级小规模走向了现在的集约化、工厂化养殖，几百头以上的猪场已很普遍。养猪数量多了，随之而来的疾病造成的经济损失也十分严重，尤其是近年来不断从国外引进优良猪种，国际间贸易往来的增多，不可避免地带进了国内原本没有的猪病，这就给兽医工作者提出了新的课题。

编者经常到基层猪场走访，遇到咨询最多的是猪病不好诊断，难以防治，而且遇到的疾病种类又较多。基于这些问题，我们编著了《猪病诊治关键技术一点通》一书，书中将每一种猪病诊治的关键技术归纳起来单独列出告诉大家，以突出本书简单实用的特点。

本书的作者均是高校兽医系的教授、副教授，拥有很好的实验研究条件和手段，并常和一些大型猪场有着技术依托关系。所以本书的编写，具有理论与生产实践紧密结合、与国内外研究成果相结合的特点，具有一看就懂、一学就会、方便实用的特点。本书作为猪病诊疗的参考书，尤其适合各养猪场技术人员、农民朋友以及大中专兽医专业学生阅读。

由于水平所限，书中难免有疏漏和不妥之处，敬请同行、读者朋友提出宝贵意见。

编 者

2016年1月

目 录/Catalogue

四、猪的寄生虫病 ………………………………… 73

一、猪病诊治的关键措施

养猪就怕患病，疾病可以引起猪的死亡，造成直接经济损失；还可造成猪只生产能力的下降，饲料、人力、物力的浪费，使养猪场户效益大减甚至亏本。

为了有效地预防和控制猪病的发生，保证猪群正常生产，提高养猪的经济效益，促进养猪业的健康发展，必须坚持以预防为主的原则，尽力做到饲养管理规范化、卫生防疫经常化，进一步提高预防猪病的水平。

以下是猪场预防和消灭猪病的一些关键措施。这些措施在养猪场是一项综合性的工作，也是整个养猪生产的关键环节，它决定着一个养猪场的成功与失败，尤其在养猪业日趋集约化、规模化发展的今天，更应该提高到首要重视的地位。

猪病预防的关键技术

关键技术

选好场址，隔离传染源。采取“全进全出”制，一个猪舍的猪同时出栏后，进行彻底消毒，间隔2周后再进一批新猪。猪群在进舍前要进行严格隔离检疫。

严禁场外人员、车辆进入生产区。本场人员进入时，必须换上工作服、帽、鞋。车辆要在消毒池内消毒。场内、猪舍内定期消毒。科学合理的预防接种是防病的关键。

如何才能使猪不发病或少发病，保证猪群正常生产，提高猪场的经济效益是每一个养猪场所面临的问题。因此，掌握常见猪病的防治技术，做好综合性防治工作至关重要，其中预防工作是防治猪病的关键环节。具体措施如下：

（一）预防猪病要从建场开始

科学合理的猪场设置，是提供良好的卫生防疫条件，保证有效地组织生产，更好地预防和控制传染病的基础。

1.养猪场场址的选择 场址应选择地势高燥，向阳避风又便于通风排水，远离交通要道和人群聚集的地方，远离其他猪场，隔离传染源。还要有可靠的水源、电源。

2.场内的合理布局 场内应分为三个区：生产区、管理区和病猪管理区。生产区包括猪舍、饲料库；管理区包括办公室、职工生活设施及产品加工车间等；病猪管理区包括病猪隔离舍、兽医室等，该区应该设在全场的下风头及下水头。以上各区间的距离应不少于300米。

生产区内要按种猪群、幼猪群和生产群分区，各群要在不同地段分区进行饲养。种猪群和幼猪群应设在防疫比较安全的地方，不同猪群间应保持一定的间距，一般在100～200米。

为防止疫病传播和蔓延，病猪管理区应设在生产区的下风和低势处，与猪舍保持300米的间距。应尽可能与外界隔绝，应有单独的道路与出入口，有处理病死猪的尸体和焚尸炉等设施，应与猪舍保持300～500米距离，并严密隔离。病猪管理区的污水和废弃物更应严格控制，防止疫病蔓延和污染环境。

3.猪舍内的小环境要求 猪舍内的小环境是指由猪舍的温度、湿度、气流、光照、空气中灰尘和微生物、有害气体和噪声等物理、化学和生物因素组成的猪的生活环境。这些因素无时不在对猪体施加影响，或促进其生长、发育和繁殖，或造成应激，抑制其生长、发育和繁殖，甚至造成疫病的发生和流行。

（1）温度：猪的生产力，只有在一定的外界温度下才能得到充分发挥。温度过高或过低，都会使生产力下降，使猪的健康受到影响。一般猪舍要维持一个最适温度比较困难，而从猪的健康和生产力角度来看，猪舍温度在适宜温度范围内有所变化比始终稳定好。因为适当的温度变化对猪是个良好的刺激，可使其各个系统的功能得到锻炼，有利于猪的健康和生产力的提高。

（2）湿度：封闭猪舍中的水汽，有70% ~75%来自于猪体，10% ~25%来自于地面、墙壁等物体表面，10% ~15%来自于大气。对猪来讲，空气中的相对湿度以50%~70%为宜。湿度过高，在夏季影响猪的蒸发散热，在冬季则使空气和物体的导热性增高，猪失热增多，容易发生感冒、肺炎等呼吸道疾病及局部冻伤。因此，要加强防潮措施，把猪舍建在高燥处，加强保温，使猪舍湿度保持在露点以上，防止水汽凝结，及时清除舍内粪、尿、污水，控制用水量，加强通风，并勤换垫草。

（3）气流：是由于冷热空气对流形成的。在炎热条件下，气流可加强蒸发散热和对流散热，对猪的健康有利。而寒冷季节气流可增加猪体散热量，使其能量消耗增多，生产力下降。一般来说，冬季猪体周围的气流以0.1 ~0.2米 / 秒为宜。

（4）光照：适当强度的光照，可形成一个良性刺激，对猪的生理机能有重要的调节作用，可见光线对猪的代谢有明显的影响，适当减弱光照强度，可提高肥猪的饲料利用率。

（5）灰尘和微生物：猪舍空气中的灰尘，含有大量对猪有害的有机物质和无机物质。它们直接影响着猪只的健康。要采取一切措施，减少灰尘。猪打喷嚏、咳嗽时形成的飞沫中含有大量病原微生物，它们在疾病传播上有重要作用。几乎所有呼吸道传染病，都能通过灰尘和飞沫感染，所以一定要予以高度重视，否则会酿成传染病的暴发，造成不可挽回的损失。

（6）有害气体：由于猪舍中猪的呼吸、排泄和猪粪尿、饲料或其他有机物分解的影响，其空气的化学组成与大气有很大不同，它们对人畜有直接毒害作用。当这些有害气体在猪舍内超过一定的限量后，就会对猪产生可见的不良反应，将直接影响猪只的正常生理活动。应及时清理粪尿，使猪舍地面有一定坡度，防止积水和潮湿，并放置适当的垫料，加强通风，给猪创造一个良好的生长发育的环境。

（二）实行科学的饲养管理

1.分群饲养 按猪的品种、性别、年龄、体重、强弱、性情等进行分群饲养。同时要根据各种猪的营养要求来确定饲养标准和饲养方法，在不同的阶段要采用不同配方的饲料，以保证猪只的正常发育和健康，防止营养缺乏病的发生。

2.创造良好的生长环境 保持猪舍清洁舒适，通风良好，冬天能防寒保暖，夏天能防暑通风，这样才能更好地提高饲料利用率，促进猪的生长，减少疾病发生。

3.加强哺乳期母猪的饲养管理 在母猪哺乳期，应给予营养丰富，含蛋白质、无机盐和维生素较多的饲料，特别是哺乳期的头一个月更为重要，使其能分泌更多更好的乳汁，以保证子猪的营养来源。子猪断奶前3~5天，应逐渐减少母猪的精料和多汁料的喂量，以防止断奶后发生乳房炎。

4.哺乳子猪的特殊护理 哺乳子猪既是猪生长发育最快的阶段，也是抵抗力最低、容易得病的时期。养好子猪，对以后培育种猪和养育肥猪都具有重要意义，可明显地提高养猪的经济效益。

5.尽可能自繁自养 养猪场最好能自养公猪和母猪，以繁殖子猪，自己肥育，既可避免买猪时带进传染病，也可利用杂交一代的杂种优势，提高猪的肥育效果和降低养猪成本。

引进种猪时一定要检疫，必须从非疫区购入，经当地兽医部门检疫，并签发检疫证明，再经本场兽医验证、检疫，隔离观察2个月，经检查认为健康的，再全身喷雾消毒，方可入舍混群。在隔离期间还应驱逐体内外寄生虫，没有注射疫苗的应补注各种疫苗。

（三）有计划地进行药物预防

1.添加抗生素 某些抗生素不仅能预防和治疗某些疾病，同时也能刺激动物生长，在饲料中添加预防量使用，可起到一举两得的效果。生产中最常使用的有杆菌肽或其锌盐，该药对防止细菌性痢疾有良好的效果，而且在肠道很少被吸收，毒性极小，在肉中极少残留。剂量为每吨饲料添加50~100克，如仅为促进生长，则每吨饲料添加10~50克。

土霉素也是常用药。该药在动物消化道中吸收良好，具有广谱抗菌作用，能促进幼猪生长，适用于3月龄以前的幼猪使用。剂量为每吨饲料添加土霉素纯粉100～200克。也可使用强力霉素，剂量同土霉素。

2.添加喹乙醇 喹乙醇又名快育灵，是一种合成抗病原微生物添加剂，有广谱抑菌作用，能刺激动物加速生长。3～5月龄育成猪，每吨饲料添加50克，也可用于子猪。拌料时一定要混匀，否则易发生中毒。

痢特灵也可作为添加剂使用，在子猪阶段饲料中使用，可预防子猪黄痢、白痢及红痢，剂量为每吨饲料添加100克。

3.活菌制剂 促菌生、调痢生、益生素、EM均为活菌制剂，内服后可抑制和排斥病原菌或条件致病菌在肠道内的增殖和生存，调整肠道内菌群的平衡，预防子猪黄痢、子猪白痢等消化道传染病的发生，并有促进子猪生长发育的作用。促菌生（商品名止痢灵）于子猪出生后立即口服1次，以后每天1次，连服3天，每次服3亿活菌为宜。调痢生（又名8501），剂量为每千克体重0.1～0.15克，每天1次，连用3天。活菌制剂具有疗效高，安全可靠，无任何毒副作用等特点。在服用上述制剂时，禁用抗菌药物。

（四）严格隔离饲养，加强消毒工作

1.消毒 消毒的时候，应根据病原体的特点，采用不同的消毒药物和消毒方法。

平时要建立定时消毒制度，猪舍和用具每年春秋各进行1次大清扫、大消毒，以后每月消毒1次。母猪分娩室在临产前要彻底消毒。“全进全出”的猪舍，每批猪出栏后要彻底消毒，并空圈1周后方可进猪。

发生传染病时，猪舍及用具应每周消毒1次，当传染病扑灭后及疫区（点）解除封锁前，必须进行终末消毒。消毒时，先将圈舍中的粪尿污物清扫干净，铲去表层土壤，再用消毒药液消毒。每平方米消毒药液用量可根据地面及墙壁的结构而适当增减。

在常用的消毒药中，属于酚类的有来苏尔、克辽林、菌毒敌、农福等，这类药物对细菌的杀灭作用较强。属于醛类的有福尔马林和多聚甲醛，多用于熏蒸消毒和猪舍消毒。属于碱类的有火碱、生石灰，多用于猪舍场地、路面和食槽消毒。属于氧化剂的有过氧乙酸，具有高效、速效和广谱杀菌作用，可用于猪舍、饲槽及车辆消毒。属于卤素类的有漂白粉、氯胺（氯亚明）、优氯净、次氯酸钠、抗毒威、威岛牌消毒剂、百毒杀、爱迪伏等，对细菌、芽孢、病毒均有很强的杀灭作用，应用较广。属于表面活性剂的有新洁尔灭、洗必泰、消毒净、消毒灵，这类药对细菌有很强

的杀灭作用，无刺激性，常用于器械、皮肤和黏膜的消毒。各种消毒药使用的浓度，因消毒对象、目的、使用方法和环境温度而异，可按药品说明书配制。

2.隔离饲养 其措施为本场工作人员进入生产区时，要更换工作服和鞋。不要让无关人员进入猪场，原则上谢绝参观，必要参观者，必须换鞋和工作服，并经彻底消毒方可入内。场外车辆、用具等不准进场，出售种猪、肥猪须在场外进行。

场区职工家属，一律不准私人养猪和其他动物。饲养人员不要串猪舍，用具和所有设备要固定在本舍内使用。消毒池的消毒药水要定期更换，经常保持有效浓度。

不准在生产区或猪舍内宰猪或解剖死猪。不准把生猪肉带进生产区或猪舍。食堂、饭店等伙食单位的泔水，必须经过煮沸消毒后才可喂猪。还要训练猪定点排粪尿，及时清扫。并将粪便送往发酵池处理，或堆肥发酵。不准人员随地大小便，防止猪吃人粪。食槽必须每天清洗一次，猪舍内外每天清扫一次，饲养用具应定期清洗消毒，保持清洁，尽量做到猪栏净、猪体净、食槽净、用具净。

（五）有计划地进行预防接种，提高猪只的抗病能力

预防接种是预防猪传染病的主要手段。预防接种就是要有针对性地按计划给健康猪只接种一些疫苗。针对性是指在当地有哪些传染病潜伏或受到邻近地区的威胁、有哪些传染病经常流行，将这些病的疫苗按时间顺序安排，在猪正常生产的情况下，分别先后给猪接种，这也叫免疫程序。猪病所用的疫苗很多，不是全部接种，而是根据上述原则有针对性地使用，当地不曾有过、现在也不会有的病一般就不接种。当某些传染病已在猪场周围流行时，为使猪尽快产生免疫力，也可采用紧急接种的方法，给猪注射高免血清或高免球蛋白。这种被动免疫力不如接种疫苗所产生的免疫力坚强和持久。紧急接种是当猪群受到传染病紧急威胁时的应急之举，多数是在猪只感染传染病时做治疗用。

每次进行预防接种时，都要登记接种日期，疫苗种类、生产厂家、批号、有效日期，接种剂量和接种方法，并标明已接种的、未接种的猪只，以便观察接种效果，分析发生问题的原因。

（六）定期驱虫、灭鼠、灭蚊蝇

1.驱虫 一般每年在春秋两季对全群猪驱虫2次，断乳后半年的猪应驱虫1～3次，怀孕母猪在产前3个月驱虫1次。计划驱虫前应做粪便虫卵检查，弄清猪体内的寄生虫种类和危害程度，以便有的放矢地选择驱虫药。常用的驱虫药有左旋咪唑、丙硫咪唑、精制敌百虫等，对猪蛔虫、猪类圆线虫、猪胃虫、猪结节虫、猪肺虫均有很好的驱虫效果。

驱虫药一般要空腹喂给，喂服后对出现严重副作用的猪，应及时解救。驱虫后排出的粪便应集中堆沤发酵，做无害化处理，防止散布病原。

如同时有体外寄生虫如疥螨、猪虱时，可应用伊维菌素进行驱虫，这是一种既能驱体内寄生虫，也可驱体外寄生虫的广谱驱虫药。每年对全群猪注射2次伊维菌素，母猪临产前7～14天注射，以减少对子猪的感染。该药对猪蛔虫、猪杆虫、猪结节虫、猪鞭虫、红色猪圆虫、猪肺虫、猪肾虫及猪疥螨和猪虱等体内外寄生虫均有较好的效果。

2.灭鼠 灭鼠的方法有机械的、化学的方法。猪场常用的是毒药灭鼠，通常将毒药稀释成液体，与谷物或其他食饵混合，连续投药5～6天。猪场一般每年需要进行2～3次大规模灭鼠。

3.灭蚊蝇 蚊蝇蜱螨往往是某些传染病的传播媒介或宿主，消灭这些节肢昆虫也是控制传染病的一个环节。猪场常用化学药物杀灭。猪场环境用0.1%～0.5%敌百虫或0.1%～0.2%敌敌畏，每2～3天喷洒1次；猪舍内可用0.03%蝇毒蛉乳剂喷洒墙壁、地面等处，用奋斗钠、灭蝇灵等用水拌入麸皮、玉米面等饵料中，放在地面，诱杀舍内的蚊蝇。

（七）预防中毒

1.防止亚硝酸盐中毒 新鲜的蔬菜如芹菜、韭菜、芽白、菠菜、白菜、包心菜、莴苣、青菜、萝卜叶、甜菜叶、瓜藤等都是喂猪的好饲料，但这些菜都含有大量的硝酸盐，其中白菜、包心菜、青菜、芽白的硝酸盐含量更高，如蒸煮不当或贮藏不妥，可使硝酸盐在硝化菌的作用下，还原成有剧毒的亚硝酸盐而引起中毒。防止中毒的方法是：①大力提倡生喂，既可防止亚硝酸盐中毒，又可使饲料保持更多的营养成分。用蔬菜叶喂猪时，必须清洁新鲜，生喂或打浆喂，不能用发热霉烂的菜类喂猪。②蒸煮菜类要迅速煮熟与冷却，不宜加盖焖煮，让其慢慢冷却，不能闷在锅里过夜或趁热闷在缸里，以免细菌繁殖使硝酸盐转化为亚硝酸盐。在蒸煮过程中可加入少量食醋，既可杀菌，又能分解亚硝酸盐，以达到防止中毒的效果。③对已知含有亚硝酸盐的饲料需要应用时，加高锰酸钾（每含亚硝酸盐4克，可加入高锰酸钾0.1克），使之氧化成硝酸盐，而降低毒性。④不要使用从耕地里排出的水、发苦的井（泉）水、浸泡有大量植物的池塘水调制饲料或作饮用水。

2.防止土豆（马铃薯）中毒 发芽的土豆含有一种有毒物质，叫龙葵素的配糖体，这种毒素在块茎中仅有0.04%，但在胚芽中可高达4.76%，猪吃后可引起中毒。轻的引起胃肠炎、流产等，严重的呈现神经症状，1~2天内死亡。防止中毒的办法是：①土豆应贮存于干燥阴凉处，防止发芽。②不用腐烂、发芽或发绿的土豆喂猪，必要时应先除去胚芽、绿皮和腐烂部分，充分煮熟后，与其他饲料配合饲喂。③土豆的茎叶喂量不宜过大，最好与其他青饲料混合青贮后，再行喂猪。

3.防止发霉谷物饲料中毒 用各种谷物作饲料时，应防止发霉而引起中毒。防止中毒的方法是：①及时收获谷物，并彻底干燥，低温贮存。②严重发霉的饲料应废弃，轻微发霉的饲料经去毒处理后，可在日粮中搭配其他饲料。去毒方法是：用3倍清水浸泡霉料1昼夜，再换等量清水浸泡，如此连续换水3~4次，大部分毒素能被水浸出，然后取出晒干，可作饲料。或用10%石灰水（1.5%氢氧化钠液或草木灰亦可）代替清水浸泡，去毒效果更好。也可用机械方法除去玉米胚或打掉表皮，因为大部分毒素在这些部位。经过去毒处理的饲料，仍含有一定量的毒性物质，须与其他精料搭配饲喂。

4.防止饼、粕、糟、糠类饲料中毒 饼、粕、糟、糠类农副产品，有的含有一定量的有毒物质，如棉子饼含有棉子油酚，亚麻子饼含有氰基配糖体，菜子饼含有硫苷，蓖麻子饼含有蓖麻子毒素和蓖麻碱。使用有机溶剂加工的豆饼、豆粕中含有二氯乙烯等。酒糟和糠麸类因贮存方法不当或放置过久时，会腐败霉烂，产生大量毒素、有机酸类（醋酸、乳酸、酪酸）、杂醇油（正丙醇、异丁醇、异戊醇）及酒精等有毒物质。防止中毒的办法是：限制喂量。先用少数猪作试验，确定出安全范围后，再供大猪群饲用，对怀孕母猪和幼猪最好不喂。饼粕类饲料，可先煮熟去水或在80~85℃温碱水中浸泡6~8小时后再喂。菜子饼可采用坑埋去毒法，将菜子饼埋入容积约为1米3的土坑内两个月，基本可去毒；也可用发酵中和法，将菜子饼发酵处理，以中和有毒成分，亦可用菜子饼专用脱毒剂脱毒，其方法按说明使用。蓖麻子饼捣碎放入缸内，掺入适量温水后密封，放在暖室自然发酵4~5天。经去毒处理后的饼粕类，仍需限量，蓖麻子饼不应超过日粮的10%~20%。

糟糠类的饲料以新鲜为好，应妥善贮存。酒糟不宜堆放过厚，糠麸类应放于干燥、通风、温度低的地方，以防发霉变质。酒糟的喂量不宜过多，一般应与其他饲料搭配，轻度酸败酒糟，可加入石灰水，以中和酸类、降低毒性。如已严重变质，则应坚决废弃。

5.防止食盐中毒 食盐是维持正常生理活动不可缺少的成分，但喂量过多，亦可发生中毒。防止中毒的方法是：正确地加喂食盐，以防止“盐饥饿”，一般每日每头大猪15克，中猪8~10克，小猪5~6克。利用酱油渣、腌菜汁、咸鱼粉、食堂剩饭剩菜等喂猪时，要考虑含盐量多少，适当与其他饲料混合，不必再加食盐或少加食盐。保证饮水充足，对于泌乳期的母猪尤需充分供水，以促进食盐排出。

猪病诊断的关键技术

关键技术

询问调查一些与本次发病有关的情况，首先区分是哪类疾病，好当机立断采取一些控制措施；观察病猪的症状表现如呼吸、体温、体表、粪便等；病死猪要解剖检查，观察内脏的病理变化，主要看心、肝、脾、肺、肾、淋巴结等。一般疾病就可做出初步诊断。如有必要还要取病料送往有关的实验室检查，进行确诊。

（一）保定猪以备详细检查

为保证人和猪的安全，顺利地给猪施行诊治，必须对猪进行合理的保定。

进入猪舍时必须保持安静，避免对猪产生刺激。小心地从猪的后方或后侧方接近，用手轻搔猪的背部、腹部、腹侧或耳根，使其安静，接受诊疗。从母猪舍捕捉哺乳子猪时，应预先用木板或栏杆将子猪与母猪隔离，以防母猪攻击。

根据猪月龄的大小和操作的需要，采用适当的保定方法，可提高工作效率，减少动物的损伤。如猪体较小，可提住猪腿、尾部，同时用双膝夹住猪身来保定。对凶猛的中猪或大型猪常需要借助于一些器具协助保定，如用绳索，在一端做一套环，另一端系在木棍上，将套环套于猪的上颌犬齿后方，迅速旋转木棍，使套环变紧，猪可立即安静。

（二）猪病的诊断方法

1.流行病学诊断 流行病学诊断是在流行病学调查的基础上进行的。通过询问调查、查阅病史资料和现场查看，取得丰富的第一手资料，然后进行归纳整理和分析判断，从而可以初步明确是传染病还是普通病，是群发性还是散发性疾病，是急性病还是慢性病，是一种病还是多种疾病混合感染，为进一步确诊提供可靠的依据和线索。更为重要的是，可借以查明传染病发生、发展的过程，并弄清传染源、易感动物、传播途径、影响传播的因素、疫区范围、发病率和死亡率等，以便制订有效的防治措施。

流行病学调查的内容如下。

（1）流行概况：最初发病的时间、地点，传播蔓延情况，目前疫情的分布，发病猪的数量、性别、日龄，猪群各年龄组的发病率和病死率，疾病在猪群中流行过程如何；疾病是急性的还是慢性的或隐性的，最先受害的是哪些猪；是突然大批发生的还是缓慢地发生的；发病猪是否有是同窝、同栏的；是整窝发病还是窝内呈散发性的；在疾病发生前，饲养管理上是否有重大改变。

（2）疾病的发展变化：病猪症状的发展进程如何，疾病的初期表现与后期症状是否有差异，疾病是加剧还是减轻；最初发病猪的年龄有多大；疾病持续多久，病猪的预后如何；曾用何种药物治疗，剂量多少，效果如何。

（3）饲养管理情况：饲料从何而来，饲料配方是否合理，饲料如何贮存，是否含有腐败发臭的变质饲料；猪群的饲养密度是否合理；猪舍的设备是否充足；猪舍的温度、通风换气、粪便及污水处理如何，有无鼠类危害；近期是否从外面引进猪只，新引入猪只的检疫和隔离措施如何；采取什么措施控制人和猪的接触；母猪进入产子区产房前是否清洗消毒过，每窝的产子数、子猪的出生重、弱胎及死胎、子猪存活率等。

（4）免疫接种、驱虫及药物预防情况：常用何种疫苗，何时进行免疫；哪些猪进行过免疫，免疫效果如何；对母猪、公猪和架子猪是否定期驱过虫；饲料中用了哪些药物添加剂，是否多种药物轮换使用。

2.症状的检查 不少的传染病在临床表现上有许多类似的特征，容易混淆，因此在进行临床诊断时，常采用鉴别诊断的方法，进行分析鉴别，有些疾病还可参考药物治疗的结果进行分析比较。

病猪的检查步骤和方法如下。

首先，仔细观察猪在自由状态下的姿势、行为、营养状况、排粪情况及呼吸的节律。猪以四肢缩于腹下而伏卧，或聚堆伏卧，这是恶寒的表现。猪呈犬坐姿势，常见于肺炎、胸膜炎、贫血或心功能不全。猪的头颈歪斜或作圆圈运动（向病侧），通常见于中耳炎、内耳炎、脑脓肿或脑膜炎。肢腿麻痹、共济失调、平衡失控、强直性或阵发性痉挛，表明神经有器质性病变或功能性损伤。病猪弓背、腿松弛及肢体位置异常（或拢于腹下或向前伸），表明患肢有病不敢负重。猪的正常呼吸数变动范围很大，因而对病猪的呼吸数应与同栏健康猪进行比较加以判断，呼吸加快可由肺炎、心功能不全、胸膜炎、贫血和疼痛等引起；腹式呼吸多见于肺炎和胸膜炎。猪常发生咳嗽、流鼻液，表明呼吸道或肺部有炎症。同时要观察猪的排粪情况，正常的猪粪为条状，呈棕黄色或深棕色，如果粪便变红、变黑或变黄，含有血液或黏液，或粪便干硬呈球状，或稀薄如水，均表明胃肠道异常。

接着，测定猪的直肠体温，猪的正常体温为38~40℃。如果病猪普遍持续高温，可能是急性败血性传染病。如果体温不高，则可能是中毒性疾病或某些慢性传染病。

最后，对病猪作适当保定，检查眼结膜、鼻黏膜和口腔黏膜的颜色、分泌物、溃疡以及出血斑点。观察猪全身皮肤的颜色，有无出血斑点、丘疹、坏死灶、结痂、肿胀，尤其要注意口、鼻、耳、腹下、股内侧、外阴和肛门部皮肤的病变。皮肤变为蓝紫色，是循环障碍（淤血）的表现；皮肤有出血斑点，表明微血管受到损伤，可能有败血性传染病。检查猪的心脏，可用听诊器在左肢肘头后上方（心区）进行听诊，正常心律为每分钟60~80次，如果心律显著增快，心音不清，表明心脏衰弱。

3.尸体剖检 此法简单易行，不需特殊设备，可以在发病现场进行。剖检方法如下。

（1）外部检查：在剥皮之前检查尸体的外表状态，包括品种、性别、年龄、毛色、营养状态、皮肤、可视黏膜、天然孔（眼、鼻、口、肛门、外生殖器官）以及尸体变化的检查，解剖检查与临床诊断的资料结合，对于疾病的诊断，常可提供重要线索，还可为检查的方向给予启示。

（2）内部检查：包括体腔的剖开、皮下检查、内脏的采取和检查等。检查时尸体取仰卧位，在剖开体腔前可以不剥皮，皮下检查可在切开体腔的过程中进行，注意皮下有无出血、水肿、炎症等病变，并观察皮下脂肪及皮下淋巴结的病理变化。腹腔的剖开和腹腔脏器的采出：从剑状软骨后方沿白线由前向后，直至耻骨联合作第一切线，然后再从剑状软骨沿左右两侧肋骨后缘至腰椎横突作第二、第三切线，使腹壁切成两个相等的楔形，将其向两侧翻开，即可露出腹腔。此时检查腹腔脏器的位置和有无异物，如需进行病原学检查，可用无菌操作采取被检病料，然后由膈处切断食管，由骨盆腔切断直肠，并分别结扎，将胃、肠、脾、肾一起取出，分别检查；亦可按脾、肝、肾及胃、肠顺序，分别结扎摘出检查。胸腔的剖开：由剑状软骨向前，分别切开左右侧肋软骨联合，将胸骨与肋软骨取下或锯开胸腔。用刀切断横膈附着部、心包、纵隔与胸骨间的联系，然后切开下颌及颈部皮肤、肌肉，将舌、喉、气管连同胸腔脏器同时取出，分别检查。颅腔剖开：清除头部的皮肤和肌肉，先在两侧眶上突作一横锯线，从此锯线两端经额骨、顶骨侧面至枕脊外缘作两条平行的锯线，再从枕骨大孔两侧作一“V”形锯线与二纵线相连。此时将头的鼻端向下立起，用锤敲击枕嵴，即可揭开颅顶，露出颅腔，暴露大脑，然后剪开脑硬膜，剪断神经，小心取出大脑。各脏器的检查，包括位置、形状、色泽以及胸腹腔内的液体数量、透明度、气味、颜色等。

（3）剖检注意事项：尸体剖检前，要特别注意有无人畜共患传染病发生。如疑为炭疽，必须取颌下淋巴结涂片染色检查，确诊炭疽时禁止剖检。

剖检时间应愈早愈好，尤其在夏季，尸体极易腐败，影响观察、诊断。

剖检过程中，既要重点检查不同器官，又要系统考虑全身各部的可能性病变，并要客观地记录和判断。

剖检地点应尽量选择在远离猪舍、村庄和交通要道的避风处，以免造成不必要的疾病传染。

死于传染病的尸体，剖检后应深埋或焚烧，场地要严格消毒。

猪病治疗的关键技术

关键技术

疾病确诊后，立即制定出治疗方案。所选药物要对症，剂量要准确。给药的途径要视疾病的轻重缓急和药物的性质而定：急性病例要选择能注射的药物；群体大的可采用拌料法，小猪可采用灌服的方法；子宫有病的要进行冲洗；大肠便秘的，灌肠效果好；有些疾病需要切除、缝合、矫正等时还要进行手术治疗。

当疾病被确诊后，就要立即制定出治疗方案，进行有效地治疗。所用药物的种类、剂量及使用方法，详见各病。所选药物要对症，剂量要准确。这里就治疗猪病时的给药方法进行叙述。

（一）内服法

1.拌料法 对猪群进行药物预防和治疗时，常将粉剂药物拌入饲料中喂服。

先将药物按规定的剂量称好，放入少量精饲料中拌匀，而后将含药的饲料拌入日粮饲料中，认真搅拌均匀，再撒入食槽任其自由采食。如果需要分次集中投药的，就要分顿拌入饲料，一定要拌均匀，让每头猪吃上同等剂量的药。

如果给个别猪投药，则可在药物中加适量淀粉和水，制成舔剂或丸剂，然后让助手将猪保定，术者一手用木棒撬开口腔，另一只手将药丸或舔剂投入舌根部，抽出木棒，即可咽下。片剂药物也可采用本方法。

2.灌服法 水剂药物可用灌药瓶或投药导管（为近前端处有横孔的胶管）投服。家庭养猪一般用灌药瓶投药，先把配好的药液放入啤酒瓶或特制的灌药瓶，助手将猪保定，术者一手用木棍撬开口腔，另一只手持盛药的瓶子，将药液一口一口地倒入口腔，待其咽下一口后，再倒另一口，以防误咽。

用投药导管投药的，需要将开口器（兽用器械部有售）由口的侧方插入，开口器的圆形孔置于中央，术者将导管的前端由圆形孔通过插入咽部，随着猪的咽下动作而送入食道内，然后吸引导管的后端，确认有抵抗性的负压状态（此时导管近前端的横孔紧贴于食管黏膜），即可将药剂容器连接于导管而投药，最后投入少量的清水，吹入空气后拔出导管。若导管插入时有咳嗽，吸引时没有抵抗力而有空气回流时，为导管插入气管的缘故，应立即拔出导管，重新插入。

（二）注射法

猪用注射器有三种：玻璃注射器、金属注射器和连续注射器。猪常用的注射针头12号的有三种：12×20、12×25、12×38。12×20多用于皮下注射，12×25多用于肌肉注射，12×38多用于静脉和胸腹腔注射。对于大公猪和老母猪可用16号针头。乳猪可用9号针头。

猪的注射方法，常用的有皮下注射法、肌肉注射法、静脉注射法和胸腹腔注射法，另外，还有耳静脉注射法和穴位注射法。分别介绍如下：

1.皮下注射法 将药液注射于皮下结缔组织内，使药液经毛细血管、淋巴管吸收进入血液循环。因皮下有脂肪层，吸收速度较慢，注射药液后经10~15分钟被吸收。多用于易溶解、无强刺激性的药品及菌苗。部位在耳根后或股内侧。局部剪毛，碘酊消毒，在股内侧注射时，应以左手的拇指与中指捏起皮肤，食指压起顶点，使其呈三角形凹窝，右手持注射器垂直刺入凹窝中心皮下约2厘米（此时针头可在皮下自由活动），左手放开皮肤，抽动活塞不见回血时，推动活塞注入药液。注射完毕，以酒精棉球压迫针孔，拔出注射针头，最后以碘酊涂布针孔。在耳根后注射时，由于局部皮肤紧张，可不捏起皮肤而直接垂直刺入约2厘米，其他操作与股内侧注射相同。

2.肌肉注射法 肌肉内血管丰富，注射药液后吸收较快，仅次于静脉注射，又因感觉神经较少，故疼痛较轻，临床上应用较多。臀部或颈部肌肉注射时，局部剪毛消毒后，以盛药液的注射器针头迅速刺入肌肉内3~4厘米（小猪要浅些），回抽活塞没有回血，即可注入药液，注射完毕拔出注射针，涂布碘酊。

使用金属注射器进行皮下或肌肉注射时，一般在刺入动作的同时将药液注入。

3.耳静脉注射法 选择在猪耳的背面稍突起的静脉管，先用酒精棉球局部消毒，用手指压迫耳根，以使静脉怒张；若血管隆起不足，还可用手指轻弹静脉，使其充分暴露；然后用针头刺入血管，见有回流血液，即可固定针头，放松压迫的手指，缓缓注入药液。初次注射，可在耳边的血管末端处注射，如第一次不成功，出现血肿，可顺次由末端处于向心端的血管注入。

4.前腔静脉注射法 耳静脉已出现血肿模糊不清或子猪耳静脉特别不明显时，可采用此法。前腔静脉位于胸腔入口，即第一对肋骨之间的气管腹侧面。注射时将猪仰卧保定，头颈伸直，在左侧胸前窝，沿胸骨柄基部侧缘按压，用带有9号或12号针头的注射器，斜刺向对侧或向后内方与地面呈60°角缓慢刺入，深2～3厘米，边刺边抽，当刺入脉管时有静脉血液回流，即可注射药液，注射后拔出针头，局部以碘酊消毒。

5.穴位注射法 中兽医称为水针疗法，是在某些穴位注射药物，通过针刺和药物对穴位的刺激，以达到治疗疾病的目的。此法操作简便，使用器材和药品少，一般用药量为肌肉注射的1／3左右，疗效显著，值得推广使用。

注意事项：第一，一般穴位均可使用，但注射时应达到针刺穴位的深度，待出现针感后再注射药液，速度要缓慢，一般2～3日注射1次，3～5次为一个疗程。第二，凡能皮下或肌肉注射的药物都适用，根据不同的疾病选用不同的中、西药针剂。第三，药物剂量应根据药物性状及猪体大小和穴位的部位而定，一般为2～15毫升。第四，注射后局部有轻微肿胀、疼痛，一般1天左右可自行消失。发热性病猪最好不用此法。

6.腹腔注射法 用于大剂量补糖、补液或静脉注射无法施用时，但不适用于强刺激性药物注入。小猪多选择最后1～2对乳头的外侧处，大猪可在左右腹腔肷部。将猪站立保定后，左手捏起腹部皮肤，右手将针头垂直刺入腹腔，针头能自由活动、药液注入无阻力时，均可缓慢注入。注射前后应严格消毒。

（三）子宫冲洗法

主要用于子宫内膜炎的治疗，目的为清除子宫内坏死组织和腐败组织，促进子宫复原。

1.器械 常用子宫洗涤器，其为长70~80厘米，呈弧形的双流导管，末端接有胶皮管，胶皮管的另端用于连接盛放药液的漏斗或挂桶；亦可用适当大小的胶皮管、橡皮管直接冲洗。

2.方法 将器械、母猪外阴部用0.1%新洁尔灭或0.1%高锰酸钾等溶液消毒，然后将洗涤器小心地从阴道插入子宫颈内，深度一般为20~30厘米，即可用冲洗液冲洗，直到排出透明液为止，冲洗后药液要尽量排出体外。

（四）灌肠法

主要用于治疗大肠便秘。在猪没有呼吸器官疾病时，采用尾部抬高的保定方式，用插入端圆锐光滑的硬胶管，涂上肥皂或润滑油，如肛门内有粪球阻碍，可用手将粪球掏出后再插入胶管。胶管在推向深处时，若遇肠管收缩蠕动，应稍停顿，待蠕动结束时继续向前推进。胶管插好后，在胶管的另一端接上漏斗，根据猪体重的大小向肠管内缓慢灌入1%的温盐水5 000~10 000毫升，灌水后，经15~20分钟取出胶管。

（五）手术疗法

有些疾病需要切除、缝合、矫正等时还要进行手术治疗。但此法需要一定的器械、设备和无菌的条件，有一定的技术难度，能不进行手术的，尽可能采取别的方法治疗。

1.常用手术器械 主要包括手术刀、手术剪、止血钳、持针钳、肠钳、拉钩、手术镊、缝合针、创巾钳等。

2.麻醉方法

（1）局部麻醉：第一，局部浸润麻醉。将0.25%~1%盐酸普鲁卡因注入手术部位的皮下、黏膜下及深部组织中，视手术需要行菱形或扇形注射，麻醉感觉神经末梢或神经干，使局部失去疼痛。第二，腰荐硬膜外腔麻醉。注射点在背中线与两髂骨前缘内端的连线交叉点（百会穴）。体重50千克的肥猪，皮肤距硬膜外腔6~7厘米。

（2）注射方法：局部消毒后，用长针头自皮肤垂直刺入，当刺破弓间韧带时，阻力骤减，若针尖遇到骨组织，可改变针的方向继续刺入，注射2%普鲁卡因10~15毫升，注射后约3分钟出现麻醉，持续40~50分钟，适用于剖腹产、腹股沟阴囊疝等手术。

（3）全身麻醉：猪对全身麻醉耐受性较差，全麻时必须严格掌握麻醉剂量，密切注意反应情况，多采用麻醉前用药或复合麻醉等措施。麻醉前给药：使用的目的是减少局麻药和全麻药的用量及毒副作用，增加安全性。常用安定、镇痛类药物，如氯丙嗪，肌肉注射1～3毫克／千克体重；0.5%安定针剂，静脉注射2毫克／10千克体重。常用于全麻的药物：15%噻安酮注射液，静脉注射一次量按4～6毫克／千克体重；氯胺酮，肌肉注射一次量按12～20毫克／千克体重；戊巴比妥钠，静脉注射一次量按10～25毫克／千克体重，硫贲妥钠剂量相同。

3.消毒方法

（1）煮沸灭菌法：用普通水加热煮沸，水沸后保持10～15分钟，即可杀灭一般细菌。此法多用于手术器械、注射用具等的消毒。

（2）高压蒸气灭菌法：利用蒸气在高压灭菌器内聚积发生的压力，以产生高温、高压杀灭细菌。通常在压强为103～138千帕，温度达121.5～126℃，维持30分钟，即可彻底杀灭细菌。广泛用于各种器械、物品的消毒。

（3）化学药液消毒法：其优点是不需特殊设备，经济实用，临床上广泛应用于器械、物品及手臂的常规消毒。最常用的药液为0.1%新洁尔灭溶液。浸泡器械等物品的消毒时间，一般为15～30分钟。手术人员的手臂消毒时，先用肥皂刷洗，擦干后再用0.1%新洁尔灭溶液浸泡擦洗5分钟，即可手术。此外，手术场地在打扫干净后，可用2%～3%来苏尔喷洒消毒。

4.手术操作　主要包括五步：依次为切开、止血、清除病灶组织、缝合、打结。

（1）切开：皮肤按预定切口，局部剪毛消毒，用手术刀一次垂直切开。肌肉常采用止血钳、刀柄等按肌纤维方向钝性分离，以避免损伤大血管和神经干，亦可锐性一次切开。

（2）止血：手术出血的止血常用如下方法。第一种方法是压迫止血，即用纱布压住出血部位进行止血。第二种方法是用钳夹止血，即用止血钳，对稍大的血管断端迅速钳夹或钳夹捻转止血。第三种方法为结扎止血，即用缝线结扎较粗血管的出血，或在切开血管前预先结扎，以防出血。

（3）清除病灶组织：找出病变部位，适合切除的要切除；不适合切除的要做适当处理，消除病灶对机体的不良刺激。

（4）缝合：临床常用4～18号医用丝线，缝针视不同组织选用直针、全弯针、半弯针，大小各异。常用的缝合方法有如下几种。第一，结节缝合（间断缝合）：缝一针打一结，多用于皮肤、肌肉的缝合。第二，连续缝合（螺旋缝合）：从切口一端连续缝至另一端，再打结，多用于腹膜、黏膜及浆膜肌层的缝合。第三，连续水平或垂直内翻缝合（简称胃肠缝合）：其缝针进出均沿切口两侧边缘，作平行或垂直切口方向的浆膜肌层连续缝合，不穿过黏膜层，使外层浆膜内翻，以防粘连。主要用于子宫、肠管的第二层缝合。第四，袋口缝合（烟包缝合）：主要用于直肠脱、子宫脱及胆汁引流术的缝合固定。即用一根缝线作环形连续缝合，缝针依次平行地刺入与穿出，而后把缝线收紧打结。

注意事项：手术过程中一定注意无菌操作。缝合前创口须彻底消除凝血块及组织碎片。缝合时按不同组织分层进行，不可遗留死腔。缝合针数不宜过多，尽可能减少缝线用量。皮肤缝合后，若7~10天创口愈合良好，即可拆线。

（5）打结：外科缝合时注意打方结与外科结。最常用的打结法有三种：第一种，器械打结。即用持针钳或止血钳操作打结。第二种，单手打结。左右手均可，徒手操作。此法简便迅速，打结结实，应用最多。第三种，双手打结。主要用于深部或张力大的组织缝合时的打结。

注意事项：无论何种打结法，第一结与第二结方向必须交叉，否则成假结；打结时缝线要用力均匀收紧，否则成滑结；两手的距离不要离缝合组织过远，特别是深部打结时，最好两手食指伸到结旁，以指尖顶住缝线，同时两手拉住缝线，徐徐拉紧。

手术后应做好术后护理，防止继发感染等。

二、猪的病毒性疾病

猪瘟

关键技术

诊断：本病诊断的关键是皮肤上有出血点、体温高、内脏器官出血、梗死等；慢性病猪长期拉稀或便秘，在盲肠、结肠及回盲口处黏膜上形成扣状溃疡。

防治：本病防治的关键是按程序做好免疫接种，治疗时可用双黄连、安乃近针剂注射。

猪瘟是由猪瘟病毒引起猪的一种高度传染性和致死性的传染病。本病的病原是猪瘟病毒。猪瘟病毒对外界环境有较强的抵抗力，在70℃60分钟才失去活力，含毒的冻肉和猪肉制品数月后仍有传染性。生产中常用的消毒药如2%火碱、5%～10%漂白粉等，对病毒都有良好的杀灭作用。

（一）诊断要点

1.流行特点 仅猪感染发病，不分品种、年龄、性别。病猪、急宰病猪的肉尸、脏器、污水都是重要的传染源。本病主要经扁桃体、口腔黏膜感染，也可经皮肤伤口和呼吸道感染，患病的或带毒的母猪，可经胎盘垂直传染给胎儿。本病的发生没有季节性，在新发病猪场常呈急性暴发，发病率和病死率都很高。在常发病的地区，猪群有一定的抵抗力，发病后病情较缓和，呈长期慢性流行。近年来，因猪瘟弱毒疫苗的广泛应用，本病表现潜伏期长，症状轻微，病变不典型，称为温和型猪瘟，其发病率和死亡率均较低。

2.症状 潜伏期一般为5～7天，最长可达21天。

（1）最急性型：见于流行初期。突然发病，发烧、不食，部分猪的腹部、四肢内侧的皮肤有出血点，病程1～2天，几乎全部死亡。

（2）急性型：体温升高并持续在40～42℃，表现寒战，倦怠嗜睡。眼结膜发炎、流泪，并有黏脓性分泌物，甚至将眼睑粘连。在下腹部、耳根、四蹄、嘴唇等处可见到紫红色斑点。病初便秘，粪便呈干硬的球状并带有黏液，后转为腹泻，排出灰褐色稀粪。公猪的包皮积尿，用手捋之有浑浊、恶臭、带有白色沉淀物的液体流出。病程1～3周，常继发细菌性感染。哺乳子猪，会出现神经症状，如磨牙、痉挛、转圈运动等，如此反复几次后以死亡告终。孕母猪发病后可导致流产、死产。

（3）慢性型：见于流行后期。表现体温时高时低，精神不振，食欲不佳，衰弱无力，消瘦，便秘与腹泻交替出现，皮肤常发生大片紫红斑或坏死痂。往往继发细菌性疾病，病程在30天以上。

（4）温和型：近年来出现的一种病型，症状不典型，病情发展缓慢，病程长达1～2个月。病猪体温持续在40℃左右，皮肤常无出血点，但有淤血和坏死。有时出现干耳朵、干尾巴和紫斑蹄（耳朵、尾巴、四肢末端皮肤坏死）。食欲时好时坏，粪便时干时稀，逐渐瘦弱，子猪的病死率较高，大猪常能耐过，但生长严重受阻。如是妊娠母猪，本身可不表现症状，但病毒能通过胎盘传给胎儿，造成流产、死胎、畸形或产出弱小的子猪。

3.病变 最急性型除见某些浆膜、黏膜或内脏有少数出血点外，基本上看不到病理变化。

急性型猪瘟的变化比较典型，具有诊断价值。皮下小点出血，腹下、耳后、四肢明显。全身淋巴结，尤其肠系膜淋巴结肿大，外表呈暗红色，切面呈红白相间的大理石样外观。喉头黏膜、会厌软骨、胃底黏膜和小肠黏膜出血。肾脏表面和切面有针尖大的出血点。膀胱黏膜有出血斑点或弥漫性出血。脾的边缘或尖端可见到暗紫色的坏死斑块，似米粒大小，质地较硬突出于被膜表面（称为出血性梗死），此为猪瘟所特有的病变。

慢性型，除有上述某些较轻微的变化外，较特征的变化是在盲肠、结肠及回盲口处黏膜上形成同心轮层状的扣状溃疡，有诊断价值。

温和型猪瘟的病变一般较轻微，如淋巴结稍肿，轻度出血，肾表面、膀胱黏膜仅有少数出血点，脾稍肿有1～2处小梗死灶，回盲瓣可能有溃疡、坏死。妊娠母猪流产的胎儿水肿、表皮出血和小脑发育不全。

（二）鉴别诊断

在诊断中应注意与以下几种疾病相区别。

1.急性猪丹毒 与急性型猪瘟容易混淆，但在猪群中传播较慢，发病率不高，病程约为数天。病猪眼睛清亮有神，皮肤上出现红斑且指压退色。剖检脾肿大呈樱桃红色，肾淤血肿大，淋巴结切面不呈大理石斑纹。青霉素等抗生素治疗有显著疗效。

2.猪副伤寒 最易与猪瘟误诊，主要发生于1～4月龄小猪，发病率不高，常限于一个猪场。急性病例病程仅为数天。慢性病例呈顽固性下痢。剖检脾肿大，肝脏内有坏死灶，大肠壁增厚，黏膜显著发炎，表面粗糙，有大小不一、边缘不齐的坏死灶，可与猪瘟区别。

3.急性猪肺疫 一般零星发生，咽喉部急性肿胀，呼吸极度困难，口鼻流出泡沫。剖检肺充血、水肿，抗菌药物治疗有一定疗效。

4.败血性链球菌病 传播迅速，病程短，除有败血症症状外，常伴有多发性关节炎和脑膜脑炎症状。剖检见各器官充血、出血明显，脾肿大。实验室触片检查病原体，极易确诊。

5.弓形虫病 主要发生于架子猪，流行于夏秋季节。本病呼吸高度困难，剖检见肺水肿，脾肿大，肝有散在出血点和坏死灶。磺胺类药物治疗有效。可区别于猪瘟。

（三）防治措施

1.预防 坚持自繁自养，加强饲养管理，搞好免疫接种，定期预防消毒。实行2060免疫接种计划即20日龄第一次接种，60日龄第二次接种。如是本病常发生的猪场，可采用乳前接种的方法，即子猪生后先接种疫苗，2小时后再让吃初乳，60日龄再加强1次即可。以后每年接种1次。疫苗用猪瘟兔化弱毒疫苗，免疫期9个月至1年。

2.发病时的应急措施　一旦发生猪瘟时，要隔离病猪，彻底消毒。没有明显症状的猪，立即进行猪瘟疫苗的紧急接种，剂量可增加到5～10头份，最多可用到20头份。对发病早期的病猪也可试用10～20倍剂量的疫苗接种，有时也可挽救不死，但要特别注意注射器的传染，最好病、健猪分开使用，一头猪用一个消毒针头。

3.治疗　发病早期应用抗猪瘟高免血清有一定疗效，但由于价格昂贵，生产中仅适用于种猪。也可用病毒唑、安乃近或加上青霉素、链霉素同时注射，也有较好疗效，但不能和疫苗同时使用。

猪传染性胃肠炎

关键技术

诊断：本病诊断的关键是10日龄以内的子猪发病率和死亡率最高，突然发生呕吐、剧烈的水样腹泻、腥臭。小肠膨大、肠壁变薄，肠管扩张呈半透明状，肠黏膜严重出血。

防治：本病防治的关键是孕母猪要在产前45天接种猪传染性胃肠炎疫苗，经30天再接种1次。发病的子猪及早使用本病高免血清或康复猪的抗凝血，同时进行对症治疗。

猪传染性胃肠炎是由病毒引起的一种高度接触性肠道传染病。临诊特征为呕吐、严重腹泻和脱水。本病的病原是猪传染性胃肠炎病毒。本病毒对热和日光敏感，常用的消毒药均能将其杀死。

（一）诊断要点

1.流行特点　各种年龄的猪均有易感性，10日龄以内的子猪发病率和死亡率最高，5周龄以后危害逐渐降低，成年猪几乎不死亡。病猪和带毒猪是主要的传染源，主要经消化道和呼吸道传播，鸟类、猫、鼠等也可机械带毒，应激因素可促使本病的发生与流行。

本病有较明显的季节性，常见于深秋、冬季和早春。新疫区呈流行性；老疫区，由于母猪初乳中抗体的存在，使得子猪的发病率和病死率均不高。

2.症状 潜伏期，子猪12 ~24小时，大猪2 ~4天。

本病传播迅速，数日内波及全群。子猪突然发生呕吐，接着发生剧烈的水样腹泻，粪便呈淡黄色、绿色或灰白色，常夹有未消化的凝乳块和泡沫，腥臭。病初体温升高，腹泻后下降，明显脱水，消瘦，极度口渴。日龄愈小，病程愈短，病死率愈高。病愈的子猪生长发育不良。

架子猪、育肥猪和成年猪的症状较轻，表现食欲减退、呕吐、水泻，一般3 ~7天后康复，极少死亡。有的母猪与患病子猪接触密切，可反复感染，症状较重，表现呕吐，腹泻和泌乳停止等症状。

3.病变 主要病变在胃和小肠。哺乳子猪的胃常膨满，滞留有未消化的凝乳块，胃底黏膜有出血斑，小肠膨大，充满黄绿色或灰白色液状物，含有泡沫及未消化的凝乳块，肠壁变薄，弹性降低，以致肠管扩张，呈半透明状，肠黏膜严重出血。病死猪的回肠、空肠绒毛萎缩变短是本病的特征性病变，显微镜下可见绒毛显著缩短（绒毛长度与肠腺深度之比，正常猪为7：1，病猪仅为1：1）。

（二）鉴别诊断

应注意与猪流行性腹泻、子猪白痢、子猪黄痢、子猪红痢、子猪副伤寒、猪痢疾、猪轮状病毒病等下痢性疾病相区别。

1.猪流行性腹泻 与传染性胃肠炎十分相似，只是病死率稍低，在猪群中传播速度也较缓慢一些。

2.子猪白痢 10 ~30日龄子猪常发，呈地方性流行，季节性不明显，病死率不高。无呕吐，排白色糊状稀粪，空肠绒毛无萎缩。抗菌药物治疗有较好疗效。

3.子猪黄痢 1周龄子猪多发，发病率和病死率均高，少有呕吐，排黄色稀粪，小肠呈急性卡他性炎症，十二指肠最严重。能分离出致病性大肠杆菌。

4.子猪红痢 3日龄内子猪常发，1周龄以上很少发病，偶有呕吐，排红色黏粪。小肠出血、坏死，肠内容物呈红色，能分离出魏氏梭菌。

5.子猪副伤寒 2 ~4月龄猪多发，无明显季节性。体温升高，急性型表现呼吸困难，耳根、胸前和腹下有紫斑。慢性型长期腹泻，粪便呈灰白或黄绿色恶臭水样物，被毛粗乱，皮肤有痂状湿疹。盲肠、结肠有凹陷不规则的溃疡和伪膜，肝、淋巴结、肺中有坏死灶等病变。能分离出沙门氏菌。综合治疗有一定疗效。

6.猪痢疾 2~3月龄猪多发，季节性不明显，传播缓慢，流行期长，发病率高，病死率较低，病初体温略高，排出混有多量黏液及血液的粪便，大肠有卡他性出血性肠炎、纤维素渗出及黏膜表层坏死等病变。能分离或镜检出猪痢疾密螺旋体。早期药物治疗有较好疗效。

7.猪轮状病毒病 寒冷季节多发，多发生于8周龄以下的子猪，大猪呈隐性感染。症状与病变较轻微，病死率低。

（三）防治措施

1.预防 在寒冷季节应注意子猪舍的保温、防潮，避免各种应激因素。种猪场应设有专用的产房，定期消毒。怀孕母猪可在产前45天肌肉接种猪传染性胃肠炎疫苗1头份，经30天再做鼻内滴注1头份，让哺乳子猪通过吃母乳获得抗体。在本病流行地区，对受威胁的子猪，可口服该疫苗0.5毫升，5天后产生免疫力。

2.隔离消毒 一旦发病要及时隔离治疗病猪，对怀孕母猪和受威胁子猪紧急接种疫苗，严格消毒猪舍、用具等。

3.治疗 本病死亡的主要原因是脱水、酸中毒和继发细菌感染，因此，对病猪进行综合治疗，正确护理可减少死亡，促进早日恢复。在护理方面，首先停止病猪的哺乳或喂料，提供防寒保暖而又清洁干燥的环境，给予足量的清洁饮水，尽量减少或避免各种应激因素。治疗应包括以下三个方面：

（1）特异性治疗：在确诊本病的基础上及早使用抗传染性胃肠炎高免血清，发病猪肌注1毫升／千克体重，同窝未发病的子猪可紧急预防，用量减半。也可应用康复猪的抗凝血，每日口服10毫升，有一定的治疗和预防效果。

（2）对症治疗：包括补液、收敛、止泻等。最重要的是补液和防止酸中毒，可静脉注射葡萄糖生理盐水和5%碳酸氢钠溶液，或应用口服补液盐（常用配方：氯化钠3.5克，氯化钾1.5克，碳酸氢钠2.5克，葡萄糖20克，常水1 000毫升）。另外可根据情况使用淀粉、活性炭、鞣酸蛋白以及维生素C、钙制剂等进行对症治疗。

（3）抗菌药物治疗：应用一些肠道抗菌药物能有效地防治细菌病的并发或继发感染。

猪流行性腹泻

关键技术

诊断：本病诊断的关键是大小猪均发病，排水样便、黄色或浅绿色，小猪呕吐，小肠变薄透明、肠腔内充满黄色液体。

防治：本病防治的关键是怀孕母猪临产前30天接种疫苗使小猪获得免疫，子猪也要接种疫苗。治疗时使用高免血清或康复猪的抗凝血有较好疗效，也可对症治疗。

猪流行性腹泻是由病毒引起的一种高度接触性的传染病。临诊以排水样便、呕吐、脱水为特征。本病的病原是猪流行性腹泻病毒。本病毒对外界环境抵抗力不强，一般消毒药都可将其杀死。

（一）诊断要点

1.流行特点 各种年龄猪都能感染发病，本病主要经消化道传播，多发生于冬季，传播迅速，数日之内可波及全群。一般流行过程延续4～5周，可自然平息。

2.症状 子猪的潜伏期为1～2天，大猪为3～5天。病初体温稍高，精神沉郁，食欲减退，排水样便，粪便呈黄色或浅绿色，部分子猪呕吐。1周龄内哺乳子猪症状严重，病程2～4天，往往因脱水而死，病死率达50%以上，断奶猪、育成猪的腹泻可持续4～7天，逐渐恢复正常，成年猪仅发生呕吐和厌食，不拉稀。

3.病变 主要局限在小肠，肠腔内充满黄色液体，肠壁变薄，肠系膜淋巴结水肿。小肠绒毛萎缩，绒毛与肠腺的比率从正常的7：1降至3：1。

（二）鉴别诊断

除猪传染性胃肠炎外，还应与猪轮状病毒病、子猪白痢、子猪黄痢、子猪红痢、猪痢疾、子猪副伤寒等相区别（参见猪传染性胃肠炎的鉴别诊断）。

（三）防治措施

1.预防 本病往往与猪传染性胃肠炎混合感染，在免疫接种时将这两种疫苗同时接种效果更好。中国农科院哈尔滨兽医研究所最近研制的猪流行性腹泻氢氧化铝灭活疫苗可用于本病的预防接种，怀孕母猪在临产前30天，后海穴位（即尾根与肛门的凹陷部进针，针尖稍向上）接种3毫升，可通过初乳使子猪获得被动免疫。子猪10～25千克接种1毫升，25～50千克接种2毫升，接种15天产生免疫力。其他措施同猪传染性胃肠炎。

2.治疗 参考猪传染性胃肠炎的治疗方法进行。

猪流行性感冒

关键技术

诊断：本病诊断的关键是体温升高，不吃，发呆，咳嗽，喷嚏，眼、鼻流出分泌物，后期发生支气管肺炎。

防治：本病防治的关键是防治猪受寒感冒，发病时可用双黄连或板蓝根冲剂，配合使用解热镇痛，止咳祛痰药效果较好。

猪流行性感冒是由流感病毒引起的一种急性高度接触性的呼吸道传染病。其特征为发病急，传播快，发病率高，病死率低，病猪表现发热、咳嗽、流鼻涕等症状。

本病的病原是猪流感病毒，本病毒容易变异形成新的亚型。能感染人和多种动物。流感病毒对于干燥和冷冻有较强的抵抗力，但对热和日光敏感，一般消毒药能迅速将其杀死。

（一）诊断要点

1.流行特点 不同年龄和品种的猪都有易感性。呼吸道是主要的传播途径，以早春、晚秋及寒冷的冬季流行较常见，可迅速在2～3天内波及全群。一般发病率高，病死率却很低。本病常呈地方流行性或大流行。

2.症状 潜伏期为几小时至数天。突然发病，病初体温升高至40～41℃，不吃，呼吸急促，咳嗽，喷嚏，眼、鼻流出黏液性分泌物。病猪常挤卧一起，不愿活动，病程3～7天。孕猪可发生流产。病猪一般极少死亡，如继发支气管肺炎则病情加重，甚至发生死亡。

3.病变 主要见于呼吸器官，鼻、喉、气管和支气管黏膜充血、肿胀，表面有泡沫性黏液，有时混有血液。

（二）鉴别诊断

应注意与普通感冒、猪肺疫、猪传染性胸膜肺炎等相区别。

1.普通感冒 体温稍高，发病较缓慢，病程短，呈散发性。

2.急性猪肺疫 常为散发，死亡率高。呈败血症症状，呼吸困难，咽喉部肿胀。涂片染色镜检可见到巴氏杆菌，抗菌药物治疗有效。

3.传染性胸膜肺炎 呼吸困难，耳、鼻及四肢皮肤呈蓝紫色，死亡率高，主要病变为肺炎和胸膜炎。涂片染色镜检可见到放线杆菌，抗菌药物治疗有效。

（三）防治措施

1.预防 在气候变化急剧的季节，应注意加强管理，猪舍应清洁、干燥、防寒、保暖。尽量不在寒冷或气候骤变的季节长途运猪。人发生A型流感时，应防止病人与猪接触。

2.隔离 本病一旦暴发，几乎没有任何措施能够防止传染。对病猪要采取隔离治疗措施，并加强护理，给予充足的饮水，补充青绿饲料和多种维生素。

3.治疗 目前尚无特效的治疗药物。可试用双黄连或板蓝根冲剂等。为了预防及控制细菌继发感染，可应用抗菌药物及解热镇痛、止咳祛痰药。

猪口蹄疫

关键技术

诊断：本病诊断的关键是牛、羊、猪都感染，在蹄部、口腔、母猪的乳房长有水泡和烂斑或结成痂皮，体温高、不吃，常导致子猪死亡。

防治：本病防治的关键是做好免疫接种。病猪患部用高锰酸钾、硼酸水清洗后，涂布抗生素软膏，口腔用冰硼散治疗。

口蹄疫是由口蹄疫病毒引起偶蹄动物（牛、羊、猪）共患的急性、热性、接触性传染病。人也能感染发病。猪感染后，以鼻镜、唇边、蹄部、母猪乳头出现水疱，表现蹄痛、跛行为特征。

本病的病原是口蹄疫病毒，它具有多型和易变的特点，已知有7个主型65个亚型，各型之间不能交互免疫，使用疫苗时一定要和当地流行的毒型相一致。目前我国分布的毒型为O型、A型和亚洲Ⅰ型。

病毒对外界环境抵抗力较强，在污染的饲料、毛皮、土壤等环境中，可存活且保持传染性数周至数月。对日光、热、酸、碱等敏感。1%～2%火碱、3%～5%福尔马林、0.2%～0.3%过氧乙酸等消毒药液对本病毒均有较好的杀灭效果。

（一）诊断要点

1.流行特点 牛、羊、猪等偶蹄动物都易感，猪特别具有易感性，所以有时会常见到仅猪发病，牛、羊等不发病的情况。病畜的水疱皮和水疱液、粪尿、奶、眼泪、唾液等均含有病毒。本病主要通过消化道、呼吸道、破损的皮肤、黏膜等途径感染。畜产品、人、动物、运输工具等都是本病的传播媒介。

猪口蹄疫常呈流行性发生，传播迅速，发病率很高，子猪死亡率也较高。多发生于秋末、冬季和早春，尤以春季达到高峰，到夏季往往自然平息。主要发生于集中饲养的猪场、仓库、城郊猪场及交通沿线，而农村分散饲养的猪较少发生。

2.症状 潜伏期1～2天。病猪以蹄部水疱为主要特征。病初体温升高至40～41℃，精神不振，不吃。蹄冠、蹄叉、蹄踵发红形成水疱和溃烂，不久结成痂皮，一般水疱破裂后，体温下降，如无细菌感染，一周左右可自然康复。严重病例，被侵害蹄叶的蹄壳脱落，病猪跛行，喜卧。病猪的鼻盘、口腔、齿龈、舌、母猪的乳房，也可见到水疱和烂斑。子猪感染后，常呈急性胃肠炎和心肌炎而突然死亡。

3.病变 病猪口腔、鼻盘及蹄部等处发生特征性水疱和溃烂。子猪因心肌炎死亡时可见心肌松软，心肌切面有淡黄色斑点或条纹，有“虎斑心”之称，还可见出血性肠炎变化。

（二）鉴别诊断

本病须与猪水疱病、猪水疱疹和猪水疱性口炎相鉴别。

1.猪水疱病 仅猪发病，牛、羊不感染，呈地方流行性。子猪的病死率较低，2%的病猪出现中枢神经紊乱症状。用水疱皮或水疱液制成悬液，给2日龄和7～9日龄乳鼠皮下注射，仅2日龄乳鼠死亡。而发生口蹄疫时，牛、羊、猪先后或同时发病，呈流行性或大流行发生。吃奶子猪的发病率较高，用水疱皮或水疱液制成悬液，给2日龄和7～9日龄乳鼠皮下注射，全部死亡。

2.猪水疱疹 仅猪感染发病，用水疱皮或水疱液制成悬液，给2日龄和7～9日龄乳鼠皮下注射，均不引起死亡。可与口蹄疫区别。

3.猪水疱性口炎 马、牛、猪均能感染发病，常在一定地区散发，发病率和病死率都很低，多见于夏季和秋初。取水疱液，接种于马、牛、猪的舌面，均发生水疱，给牛肌肉注射不发病。而口蹄疫不感染马，常呈流行性发生，发病率很高，多见于冬季和春季，以口蹄部病变较多见。用水疱液给牛舌面接种和肌肉注射均发病。

（三）防治措施

1.预防 **加强生猪收购和调运时的检疫工作，防止传入本病。**

2.隔离消毒 一旦怀疑口蹄疫发生时，应立即上报，迅速确诊，并对发病现场采取封锁措施，防止疫情扩散蔓延。对猪舍、环境及饲养管理用具严格的消毒。对病猪及其同栏猪，可集中屠宰，按食品卫生部门的有关法规处理。对未发病的猪、牛、羊，应立即注射口蹄疫油乳剂灭活苗，所用疫苗的病毒型必须与该地区流行的口蹄疫病毒型相一致。

3.治疗 病猪在隔离条件下，及时进行治疗，并加强饲养和护理。一般采取对症疗法，对水疱破溃之后的破溃面用0.1%高锰酸钾或2%的硼酸清洗干净，再涂青霉素软膏或1%紫药水，促进口腔、蹄部的早日康复。为防止继发感染，可应用抗生素。

猪水疱病

关键技术

诊断：本病诊断的关键是各种年龄猪都可感染，其他动物不发病，发烧、不吃，蹄部、口腔出现水疱烂斑，子猪出现神经症状，病死率很低。

防治：本病防治的关键是常发地区要接种水疱病疫苗，病猪患部用高锰酸钾、硼酸水清洗后，涂布抗生素软膏，口腔用冰硼散。

猪水疱病是由病毒引起猪的一种急性、热性、接触性传染病。其特征是在蹄部、鼻端、口腔黏膜和母猪的乳头周围发生水疱。本病传染快，发病率高，严重威胁着养猪业的发展。

本病的病原是猪水疱病病毒。本病毒对外界环境的抵抗力较强。在粪便和腌肉中可存活数个月。常用消毒药在常规浓度下短时间内不能杀死本病毒。5%福尔马林、5%氨水、10%漂白粉、1%过氧乙酸、0.5%菌毒敌等消毒效果较好。

（一）诊断要点

1.流行特点 各种年龄的猪都可感染发病，而其他动物不发病。经消化道感染，皮肤和黏膜的破伤也极易感染本病。本病一年四季都可发生，在猪群高度密集、调运频繁的猪场，传播较快，发病率亦高，但死亡率很低，而在分散饲养的农村发生较少。

2.症状 潜伏期一般为2～5天。病初体温升高至40℃以上，典型病例在蹄冠、趾间、蹄踵及蹄叉出现绿豆或蚕豆大的水疱，继而水疱融合，1～2天后水疱破裂形成溃疡。病猪跛行，多卧地，食欲减退或废绝。有的病猪在鼻盘和口腔黏膜或齿龈及舌面出现水疱溃疡，有的哺乳母猪乳房发生水疱，有的病猪出现中枢神经紊乱症状（约占2%）。一般病程10天左右便可自愈，死亡率很低。

若继发细菌感染时，症状较严重，局部化脓，造成蹄壳脱落，病猪卧地不起。初生子猪发病后常导致死亡。

3.病变 肉眼病变主要在蹄部，约10%的病猪口腔、鼻端亦有病变，口部水疱通常比蹄部出现晚。内脏实质器官无明显病变。

（二）鉴别诊断

本病的临床症状与口蹄疫、水疱性口炎相似，参见口蹄疫的鉴别诊断。

（三）防治措施

1.预防 严格检疫，不从疫区引入猪只和猪肉产品，屠宰的下脚料和泔水等要经煮沸后方可喂猪。

2.隔离消毒 发现本病应立即上报，封锁疫区，严格检疫，做到两看（看食欲和跛行）三查（查蹄、口、体温），发现病猪及时隔离治疗，对其同群无症状猪同时注射抗猪水疱病高免血清，隔离观察至少7天未再发现病猪方可调出。对疫区和受威胁区的未发病猪预防注射猪水疱病乳鼠化弱毒疫苗或猪水疱病BEI灭活疫苗。病猪舍环境及用具要经常消毒，保持干燥，促进病猪恢复。

3.治疗 按口蹄疫的方法处置。

狂犬病

关键技术

诊断：本病诊断的关键是有被疯狗、猫咬伤史，病猪兴奋不安，用鼻掘地，横冲直撞，流涎，呈惊恐状态，最后衰竭而死。

防治：本病防治的关键是对所在地区家犬注射狂犬病疫苗，防止被犬咬伤。咬伤后用肥皂水、新洁尔灭冲洗伤口，紧急接种抗狂犬病血清和狂犬病疫苗。

狂犬病，俗称“疯狗病”，是人和动物共患的一种直接接触性传染病。临床上主要特征是神经机能失常，表现狂躁不安和意识障碍，继之局部或全身麻痹而死亡。

本病的病原是狂犬病病毒，本病毒对酸、碱及一般消毒药均敏感。

（一）诊断要点

1.流行特点 所有的哺乳动物和鸟类对本病都易感。猪感染本病大多是通过患病动物，特别是犬、猫咬伤所致。本病也可经破损的皮肤、黏膜或呼吸道黏膜感染，一般呈散发。

2.症状 潜伏期变动范围很大，各种动物都不一样，猪一般为20～60天。

猪狂犬病的症状不像犬狂犬病那样典型。表现突然发病，兴奋不安，不断用鼻掘地，运动失调。有时横冲直撞，攻击人畜，叫声嘶哑，流涎，全身肌肉痉挛。有时钻入草堆静卧，此时若受到刺激或扰动，病猪便一跃而起，呈惊恐状态，盲目乱窜，终因麻痹衰竭而死亡。病程2～4天，病死率很高。

3.病变 死于本病的猪没有明显的肉眼病变，取大脑、小脑作组织切片检查可见到非化脓性脑炎变化和核内包涵体。

（二）防治措施

1.预防 犬是人和家畜狂犬病的主要传染源，因此对犬狂犬病的控制包括对家犬进行大规模免疫接种和消灭野犬，是预防狂犬病的最有效的措施。在流行地区，每年定期给家犬、警犬注射狂犬病疫苗，捕杀野犬，及时打死疯犬，以防咬伤人畜。

2.治疗 猪被可疑动物咬伤后，应立即用大量肥皂水或0.1%新洁尔灭冲洗，再用70%酒精或2%～3%碘酒消毒，局部处理越早越好。贵重种猪被咬伤时，可在伤口周围注射抗狂犬病血清，同时肌肉注射狂犬病疫苗。一般病猪确诊后立即捕杀，禁止出售和食用，尸体焚烧或深埋作无害处理。

伪狂犬病

关键技术

诊断：本病诊断的关键是怀孕母猪发生流产，产出木乃伊胎、死胎和有神经症状的弱胎。哺乳子猪发烧、不吃，眼睑肿胀，瞳孔散大，腹部有紫色斑点或全身呈紫色，兴奋不安，震颤、痉挛、麻痹，四肢划动。死猪脑膜充血水肿，脑脊液增多。

防治：本病防治的关键是常发地区要接种疫苗。

伪狂犬病是由病毒引起的一种家畜和野生动物共患的传染病。牛、马、犬和猫感染时呈局部严重瘙痒及神经症状；病猪没有皮肤瘙痒现象，但子猪感染后有明显的神经症状和全身反应，有较高的病死率，怀孕母猪发生流产。

本病的病原是伪狂犬病病毒。它对外界环境的抵抗力较强，在猪舍能存活1个多月，在肉中可存活5周以上，但对一般消毒药敏感。

（一）诊断要点

1.流行特点 鼠类可能在本病的感染和传播中起着重要作用。本病可通过多种途径传播，如消化道、呼吸道、皮肤伤口及配种等，子猪可因哺乳而感染，患病母猪还可垂直感染胎儿。

本病除猪外，许多畜禽都能感染，一般呈地方流行性发生，冬季和春季发病较多。

2.症状 潜伏期一般为3～6天，少数达10天。症状随猪的日龄不同而有差别，但都无明显的局部瘙痒现象。

哺乳子猪症状最严重，病初体温升高至41～42℃，食欲减退，精神沉郁，眼睑充血肿胀，瞳孔散大，眼球上翻，视力减退或丧失。腹部几乎都有粟粒大小的紫色斑点，有的甚至全身呈紫色。有的病猪流涎、呕吐或腹泻。病猪呼吸困难，表现特征性的神经症状，先兴奋不安，震颤，不停地向前冲或做转圈运动，叫声嘶哑，继之出现痉挛，四肢麻痹，伏卧，多以鼻端触地，有的猪四肢作游泳状，抽搐的反复发作，最后衰竭而死，病程多为2～3天，病死率几乎100%。

断奶后的子猪，感染后症状轻微，只表现一过性的发热、精神沉郁，有的病猪呕吐、咳嗽，一般于4～8天康复，极少死亡。

妊娠母猪常发生流产，或产木乃伊胎、死胎和无生活力的弱子。弱子于产后1～2天内出现呕吐和腹泻，精神委顿，运动失调，痉挛，角弓反张，通常在24～36小时内死亡。母猪于流产、死产前后，大多没有明显的临床症状。

成年猪常呈隐性感染，较常见的症状为微热，打喷嚏或咳嗽，食欲不振，精神沉郁，便秘，数日即恢复正常。

3.病变 临床上呈现严重神经症状的病猪，死后常见明显的脑膜充血、水肿，脑脊髓液增量，鼻咽部及扁桃体出血水肿，肺水肿，胃肠黏膜可见出血性炎症，胃底呈大片出血。组织学检查，有弥漫性非化脓性脑膜脑炎及神经节炎变化。

（二）鉴别诊断

对有神经症状的病猪，应与链球菌性脑膜炎、子猪水肿病、食盐中毒等相鉴别。母猪发生流产时应与猪细小病毒病、猪乙型脑炎、猪繁殖和呼吸综合征、猪布氏杆菌病、猪衣原体病等相区别，参见猪细小病毒病。

1.链球菌性脑膜炎 除有神经症状外，常伴有败血症及多发性关节炎症状，白细胞数增加。用青霉素等抗生素治疗有良好的效果。

2.子猪水肿病 多发生于断奶子猪，眼睑水肿，体温不高，胃壁和肠系膜水肿，可与伪狂犬病区别。

3.食盐中毒 有吃食盐过量的病史，体温不高，口渴和皮肤瘙痒，无传染性。

（三）防治措施

1.预防 猪场在引进种猪时，要进行严格的隔离观察，并采血样检查证明无本病感染后方可混群饲养。猪舍应定期消毒，及时捕灭鼠类及野生动物等。在本病的流行地区可试用哈尔滨兽医研究所研制的伪狂犬病鸡胚细胞氢氧化铝灭活苗，进行免疫接种。

2.隔离消毒 对发病猪场要进行封锁，捕杀病猪，消毒猪舍及被污染的用具、场地等，粪便发酵处理。病死猪要深埋，全场进行灭鼠和扑灭野生动物，禁止散养家禽和阻止犬猫进入，在疫场或受威胁的养猪场，必要时紧急接种我国引进的K61弱毒株试制的伪狂犬病弱毒冻干苗。

3.治疗 目前尚无特效的治疗方法。在病猪出现神经症状之前，注射抗伪狂犬病高免血清，有一定疗效。

猪日本乙型脑炎

关键技术

诊断： 本病诊断的关键是蚊子滋生的季节易患病，发烧，不吃，神经症状明显，母猪发生流产、子宫内膜充血、水肿，流产的死胎肌肉似水煮样，公猪发生睾丸炎。

防治： 本病防治的关键是防蚊灭蚊，排除积水，使用驱蚊药。流行季节使用疫苗接种。

猪日本乙型脑炎（乙脑），是由日本乙型脑炎病毒引起的一种人畜共患的急性传染病。主要由蚊类等吸血昆虫传播，怀孕母猪感染后表现流产和死胎，公猪发生睾丸炎，育肥猪持续高热，子猪常呈脑炎症状。

本病的病原是乙脑病毒。病毒对外界环境的抵抗力不强，常用的消毒药有良好的杀灭作用。

（一）诊断要点

1.流行特点 本病可感染多种动物和人，多数呈隐性感染。猪的感染最为普遍。本病主要通过蚊子（如库蚊、伊蚊、按蚊等）的叮咬传染，蚊子感染乙脑病毒后可以终生带毒，且病毒能在蚊子体内增殖和越冬，成为次年的传染源。由于经蚊等媒介传播，故本病的流行具有明显的季节性，多发生于夏秋季节。猪的发病年龄与性成熟有关，多见于6月龄左右。本病的感染率虽高，但发病率低，死亡率低。

2.症状 潜伏期，人工感染为3～4天。

育肥猪和子猪表现突然体温升高至40～41℃，可持续几天至十几天。病猪精神沉郁，喜卧，食欲减退，口渴，结膜潮红，粪便干燥呈球状，表面附着灰白色黏液，尿呈深黄色。有的病猪后肢轻度麻痹，行走不稳，有的关节肿胀而呈跛行，有的视力障碍，盲目冲撞，倒地不起而死亡。

怀孕母猪不表现临诊症状而突然发生流产，多发生于怀孕后期，产出死胎、木乃伊胎和弱胎，也有发育正常的胎儿，流产后胎衣滞留。本病的特征之一是同一胎流产胎儿大小差别很大。母猪流产后，仍能正常配种和产子。有的初产母猪往往超过预产期也不分娩，胎儿长期滞留。

公猪常发生一侧性睾丸肿大，也有两侧性的，初期睾丸肿胀，触诊有热痛感，数日后炎症消退，睾丸逐渐萎缩变硬，性欲减退，并能通过精液排毒，精液品质下降，丧失配种能力。

3.病变 流产母猪的子宫内膜充血、水肿。流产的死胎脑水肿，皮下血样浸润，肌肉似水煮样，腹水增多。公猪的睾丸实质充血、出血和有小坏死灶。病死猪脑脊髓液增多，脑膜和脑实质充血、出血及水肿。

（二）鉴别诊断

应注意与布氏杆菌病、伪狂犬病、猪细小病毒病、猪繁殖和呼吸综合征、猪衣原体病等相鉴别，参见猪细小病毒病的鉴别诊断。

（三）防治措施

1.预防 防蚊灭蚊是预防本病的一项重要措施。要经常注意猪场周围的环境卫生，填平坑洼，疏通沟渠，排除积水，消除蚊子的滋生场所。同时使用驱蚊药在猪舍内外经常进行喷洒灭蚊。在流行地区可使用猪乙型脑炎弱毒疫苗，于流行期前1～2个月进行免疫接种，对于防治母猪流产和公猪的睾丸炎有良好的作用。

2.隔离消毒 发病后立即隔离病猪，患病的公猪应淘汰，流产的死胎、木乃伊胎、胎盘及分泌物等应进行无害化处理，同时进行灭蚊和消毒工作。

3.治疗 本病目前尚无特效治疗药物，一般也无治疗的必要。一旦确诊，最好淘汰。对流产的母猪，应加强护理和使用抗菌药物，以防止继发感染。

猪痘

关键技术

诊断：本病诊断的关键是看鼻盘、眼睑、下腹部和四肢内侧等毛稀的部位的红斑、丘疹或脓包，以及消化道黏膜上的疱疹。

防治：本病防治的关键是搞好卫生，消灭猪血虱、蚊、蝇。长痘后防止细菌感染。

猪痘是由痘病毒引起的一种急性、热性传染病。其特征是在患部皮肤和黏膜发生规律性的病变，即红斑、丘疹、水疱、脓包和结痂。本病的发病率虽高，但病死率不高。

本病的病原是痘病毒。痘病毒对干燥的抵抗力较强，在干燥的痂皮中可存活几个月。直射阳光或紫外线可迅速灭活病毒。0.5%福尔马林、0.01%碘溶液、2%火碱和70%酒精数分钟即可杀灭病毒。

（一）诊断要点

1.流行特点 本病以4～6周龄的子猪多发，成年猪有抵抗力，此外还可引起乳牛、兔、猴等动物感染。本病主要通过损伤的皮肤而感染，特别是猪血虱、吸血昆虫如蚊、蝇在传播上起重要作用。

本病可发生于任何季节，以春秋多发。猪舍潮湿、拥挤、卫生差及营养不良等应激因素可促使本病的发生和流行。本病的发病率很高，但致死率不高。

2.症状 潜伏期4～7天。

病猪体温升高，精神沉郁，食欲减退。首先在鼻盘、眼睑、下腹部和四肢内侧等被毛稀少部位出现红斑，不久红斑中间变为深红色的硬结节，突出于皮肤表面即成丘疹，呈半球形，表面平整，经2～3天后丘疹变为水疱，并很快成为脓包，病灶表面呈脐状突出于皮肤表面，中间呈黄色。发病后10天脓包渐结痂，至20天后多数痂皮脱落，遗留白色斑块而痊愈。病猪患病部位有痒感，常在圈舍壁栏等处摩擦。

本病多为良性经过，病死率很低，但在饲养管理条件恶劣的情况下，可继发细菌感染，使脓包溃疡甚至融合成片，还可并发支气管炎、肺炎和胃肠炎等，常使死亡率增高，尤其是幼龄猪。

3.病变 痘疹病变主要发生于鼻盘、鼻孔、唇、齿龈、颊部、乳头、腹下及四肢内侧的皮肤等处，也可发生在背部皮肤。死亡猪的咽、口腔、胃和气管常发生疱疹。

（二）防治措施

1.平时预防措施 平时加强饲养管理，不从发生本病的猪场引进猪只，注意消灭猪血虱、蚊、蝇等。目前尚无有效的疫苗用于猪痘的免疫预防。

2.发病时应急措施 发病时要隔离病猪，加强护理，增加营养。由于痘斑引起皮肤破损，易诱发细菌感染，因此，要十分注意猪舍和病猪体的清洁卫生和消毒工作。

3.治疗 一般不需治疗多数都能自愈，也没有特效的治疗药物。为防止局部的细菌继发感染，可在病变部位涂抹抗生素软膏。康复猪可获得坚强的免疫力。

猪轮状病毒病

关键技术

诊断：本病诊断的关键是子猪易患病，呕吐、水样腹泻，胃壁弛缓，充满凝乳块和乳汁，大小肠黏膜呈条状或弥漫性出血，肠黏膜易脱落，肠管菲薄。

防治：本病防治的关键是怀孕母猪接种疫苗，子猪生后尽早吃初乳，可减少发病。腹泻严重的要补给糖盐水，配合使用收敛止泻药。

轮状病毒病是由轮状病毒引起儿童及多种幼龄动物的急性胃肠道传染病，临床上以腹泻为特征，成年动物一般呈隐性感染。

本病的病原是轮状病毒，各种动物和人的轮状病毒有一定的交叉感染作用，轮状病毒可由人或一种动物传染给另一种动物。本病毒对理化因素有较强的抵抗力，在室温中其传染性能保持7个月。

（一）诊断要点

1.流行特点 人和多种动物均易感。轮状病毒主要经消化道传播。本病常呈地方流行性，多发生于晚秋、冬季和早春，3～8周龄的子猪易感，应激因素如寒冷、潮湿、营养不足、卫生不良等情况促使本病的发生和流行。

2.症状 潜伏期1～2天。病初精神沉郁，食欲减退，不愿走动，常在吃奶后发生呕吐，迅速出现腹泻，粪便呈水样或糊状，色泽暗黑或黄白色，持续2～4天，有的拖到10多天。病猪消瘦、脱水，体重可减轻30%左右。症状的轻重决定于发病猪的日龄、免疫状态和环境条件，缺乏母源抗体保护的生后几天的子猪症状最重，环境温度下降至10℃以下或继发大肠杆菌时，常使症状加重，病死率增高。通常10～20日龄的哺乳子猪症状较轻，经2～3天的腹泻后康复，3～8周龄或刚断奶的子猪感染发病后，症状又较严重，并有较高的死亡率。成年猪感染后多不呈现症状。

3.病变 主要限于消化道，胃壁弛缓，充满凝乳块和乳汁，大小肠黏膜呈条状或弥漫性出血，肠黏膜易脱落，肠管菲薄。

（二）鉴别诊断

应注意与猪传染性胃肠炎、猪流行性腹泻、子猪白痢等相鉴别，参见猪传染性胃肠炎的鉴别诊断。

（三）防治措施

1.预防 加强饲养管理，在寒冷季节要注意子猪的保暖、防潮，避免各种应激因素。在流行地区，可用猪轮状病毒油乳剂灭活苗对怀孕母猪预防注射，同时要使新生子猪早吃初乳，接受母源抗体的保护，以减少发病或减轻病情。

2.隔离消毒 发现病猪，应立即隔离到清洁、干燥和温暖的猪舍，并且加强护理，尽量减少应激因素，消毒被污染的环境和用具。

3.治疗 目前无特效的治疗药物。发现病猪立即停止喂乳，以葡萄糖盐水口服（配方为氯化钠3.5克，氯化钾1.5克，碳酸氢钠2.5克，葡萄糖20克，常水1 000毫升），30～40毫升/千克体重，每日2次。同时，进行对症治疗，如投服收敛止泻药，使用抗菌药物，以防止继发细菌感染。

猪细小病毒病

关键技术

诊断：本病诊断的关键是初产母猪发生流产，产出死胎、木乃伊胎或病胎，子宫内膜有轻度炎症。不怀孕母猪无异常。

防治：本病防治的关键是对育成母猪在配种前一个月，注射猪细小病毒灭活疫苗。

猪细小病毒病是由细小病毒引起母猪的一种繁殖障碍性传染病。其特征是受感染的母猪特别是初产母猪产出死胎、畸形胎、木乃伊胎或病弱子猪，偶有流产，但母猪本身无其他明显症状。本病在我国广泛存在，应该重视本病的防治，以免造成大的经济损失。

本病的病原是猪细小病毒，属于细小病毒科细小病毒属。本病毒对热、酸、碱及消毒药均有很强的抵抗力，甲醛蒸气和紫外线需要很长时间才能杀死本病毒。

（一）诊断要点

1.流行特点 猪是唯一的易感动物，感染的母猪所产的死胎、弱胎、活胎及子宫内分泌物均带有病毒。本病可经交配感染和经胎盘垂直感染，也可经消化道、呼吸道感染，鼠类也是重要的传播媒介。

本病主要发生于初产母猪，呈地方性或散发性流行。一旦发生本病，猪场往往连续几年不断出现母猪繁殖障碍。

2.症状 子猪和母猪感染通常表现为亚临床型，即没有典型的临诊表现。

头胎或经产母猪主要表现繁殖障碍，怀孕母猪产出大部分死胎、木乃伊胎、畸形胎和正产胎儿，或产少数弱子，不久即死亡。感染母猪可重新发情而不分娩。母猪的不同孕期感染，表现也不一致，怀孕30～50天感染时，主要是产木乃伊胎；怀孕50～60天感染时，主要产死胎；怀孕70天感染时常发生流产；怀孕70天之后感染，母猪多能正常生产，而产出子猪带毒，有些甚至成为终生带毒者。

公猪感染本病毒后，其受精率和性欲没有明显的影响。

3.病变 怀孕母猪感染后无明显肉眼病变，或仅见子宫内膜有轻度的炎症。受感染的胎儿有不同程度发育不良，可见胎儿充血、水肿、出血、体腔积液、脱水（木乃伊化）等病变。

（二）鉴别诊断

引起母猪繁殖障碍的原因很多，有传染性和非传染性两方面。传染性疾病主要有猪乙型脑炎、猪伪狂犬病、猪繁殖和呼吸综合征、猪布氏杆菌病和猪衣原体病等，这些也可引起流产和产死胎，应注意鉴别。

1.猪乙型脑炎 仅发生于蚊子活动的夏秋季节，除怀孕母猪发生流产和产死胎外，公猪发生睾丸肿胀，育肥猪和子猪呈现体温升高，精神沉郁，后肢轻度麻痹，关节肿胀，视力障碍等，细小病毒病有明显区别。

2.猪伪狂犬病 除引起怀孕母猪流产和产死胎外，子猪也发病，呈现体温升高，呼吸困难，腹泻及特征性的神经症状。而猪细小病毒只侵害怀孕母猪，其他猪则为隐性感染。

3.猪繁殖和呼吸综合征 本病感染猪群早期有类似流感的症状。除怀孕母猪发生流产、早产、死产外，患病哺乳子猪高度呼吸困难，1周龄内的新生子猪死亡率很高，公猪和育肥猪都有厌食和呼吸困难症状。而猪细小病毒病几乎仅见初产母猪发生流产、死产，而且母猪本身不呈现明显症状，其他猪均为隐性感染。

4.猪布氏杆菌病 一般为散发，怀孕母猪主要表现流产、产死胎，而无木乃伊胎。公猪可发生睾丸炎，公、母猪可发生关节炎和后肢麻痹。采取血清做猪布氏杆菌病凝集试验，呈阳性反应。

5.猪衣原体病 除怀孕母猪发生流产、早产外，小猪常发生慢性肺炎、角膜结膜炎及多发性关节炎，公猪发生睾丸炎和附会睾炎。采取病料染色镜检可见到衣原体的包涵体。

（三）防治措施

1.预防 坚持自繁自养，防止带毒猪传入猪场。引进种猪时，应进行猪细小病毒病的血凝抑制试验，当HI滴度在1：256以下或阴性时，才能引进。

2.免疫 当有本病毒污染猪场时，应对育成母猪在配种前一个月，注射猪细小病毒灭活疫苗，或将后备母猪赶到污染猪舍内饲养，使其自然感染本病而产生自动免疫。

3.治疗 目前对本病尚无有效的治疗方法。

猪繁殖和呼吸综合征

关键技术

诊断：本病诊断的关键是怀孕母猪和1月龄以内的子猪最易感，并表现出不同的症状。母猪咳嗽、呼吸困难，早产、流产，耳部呈蓝紫色。子猪发烧、呼吸困难、腹泻，肌肉震颤、眼睑水肿等。

防治：本病防治的关键是对育成母猪和怀孕母猪接种疫苗。

猪繁殖和呼吸综合征是由病毒引起猪的一种繁殖和呼吸障碍的高度接触性传染病。其特征为厌食、发热，母猪怀孕后期发生流产、产死胎或木乃伊胎，子猪发生呼吸困难和较高的死亡率。因可使部分病猪的耳部皮肤发紫发蓝，故本病也称为“蓝耳病”。该病是近十几年来发生的一种新病，传染性很强，对养猪业危害很大。

本病的病原是猪繁殖和呼吸综合征病毒，属于冠状病毒科动脉炎病毒属。该病毒对温热和外界环境、理化因素的抵抗力不强，对常用的消毒药物敏感。

（一）诊断要点

1.流行特点 猪是本病唯一的易感动物，各种年龄和品种的猪均可感染，但以怀孕母猪和1月龄以内的子猪最易感，并表现出典型的临床症状。呼吸道是该病的主要传播途径，空气传播和感染猪的流动是主要的传播方式，传播方向与主风向相同。怀孕母猪可直接传染给子猪，公猪精液、啮齿动物、禽类及其他野生动物等都是传播的媒介。猪场卫生条件差、气候恶劣、饲养密度大，可促进本病的流行。

2.症状 潜伏期，子猪为2～4天，怀孕母猪为4～7天。不同年龄和种类的猪感染后表现不同的临床症状，且与猪群的饲养管理、机体免疫状况、病毒毒力强弱等因素密切相关。

（1）种母猪：主要表现精神沉郁，厌食，咳嗽，不同程度的呼吸困难，间情期延长。怀孕母猪发生早产、后期流产、产死胎、胎儿木乃伊化、产弱子猪等。少数猪耳部发绀。子猪出生后呼吸困难，生后一周内死亡率可达25%～40%。

（2）子猪：以1月龄内子猪最易感，并表现出典型的临床症状。体温升高至40℃以上，呼吸困难，有时呈腹式呼吸，食欲减退或废绝，腹泻，离群独处或互相挤在一起，被毛粗乱，肌肉震颤，共济失调，后躯瘫痪，渐进性消瘦，眼睑水肿。有的子猪表现口鼻奇痒，常用鼻盘、口端摩擦圈舍壁栏，鼻内有分泌物。少数子猪可见耳部、体表皮肤发绀，死亡率高达80%以上，耐过猪生长缓慢。

（3）育肥猪：育肥猪对本病易感性较差，感染后仅表现轻度的症状，呈一过性的厌食及轻度的呼吸困难。少数猪表现咳嗽，双耳背面、边缘及尾部皮肤出现一过性的深紫色或斑块。

（4）种公猪：发病率较低（为2%～10%），表现厌食，沉郁，嗜眠，呼吸加快，消瘦，精子数量减少和活力下降。少数公猪出现双耳或体表皮肤发绀。

3.病变 肉眼病变主要是病死子猪和死胎胸腔内积有大量清亮的液体，皮下脂肪、肾周围脂肪、肠系膜淋巴结水肿。组织学检查，主要呈现间质性肺炎变化，鼻甲骨的纤毛脱落。

（二）鉴别诊断

应注意与猪细小病毒病、猪伪狂犬病、猪日本乙型脑炎、猪布氏杆菌病、猪衣原体病等相鉴别，参见猪细小病毒病的鉴别诊断。

（三）防治措施

1.预防 目前我国已有本病报道，应加强进口猪的检疫和本病的监测，以防本病的扩散。引进种猪时，须从无本病的猪场进行，引入后隔离检疫3～4周，血清学检查阴性者方可混群饲养。

2.隔离消毒 暴发本病时，应对发病猪场严密封锁，禁止猪只调运。及时清洗和消毒猪舍及环境，特别是对流产后的胎衣、死胎及死猪要严格进行无害化处理，产房要彻底消毒。对病猪应及时隔离，并加强护理和对症治疗，注意通风，增加营养，使用抗生素控制继发感染。对后备母猪和怀孕母猪可试用灭活油乳剂疫苗进行免疫接种。发病猪场的阳性母猪及其子猪，不准留作种用，应予肥育淘汰。

3.治疗　目前该病尚无有效的治疗方法。

三、猪的细菌性疾病

子猪黄痢

关键技术

诊断： 本病诊断的关键是1周龄内子猪最易发病，黄色水样腹泻，粪便含凝乳块、气泡并腥臭，迅速脱水、消瘦死亡。肠腔扩张，肠壁变薄，肠内有多量腥臭的黄色稀薄内容物和气体，以十二指肠最为严重。

防治： 本病防治的关键是注意产房、哺乳母猪乳头的卫生，常发病的猪场给母猪接种大肠杆菌多价灭活菌苗，病猪尽早使用敏感的抗生素如土霉素、新霉素、磺胺脒等。

子猪黄痢是由致病性大肠杆菌引起的初生子猪的一种急性、高度致死性的肠道传染病。临诊上以剧烈腹泻，排出黄色水样粪便及迅速死亡为特征，剖检常见有肠炎和败血症变化。

本病的病原是致病性大肠杆菌，本菌多能产生毒素，如内毒素、肠毒素、致水肿毒素和神经毒素，引起子猪发病。常用消毒药在数分钟内即可杀死本菌。各地分离的大肠杆菌菌株对抗菌药物的敏感性差异较大，且易产生耐药性。

（一）诊断要点

1.流行特点 本病主要发生于1周以内的子猪，以1～3日龄最常见。同窝子猪的发病率和病死率都很高。头胎母猪所产子猪发病最为严重，随着胎次的增加，子猪发病逐渐减轻。带菌母猪是主要传染源，主要经消化道传染。带菌母猪由粪便排出病原菌，污染母猪的乳头和皮肤，子猪吮乳或舐母猪皮肤时，食入感染，下痢子猪由粪便排出大量细菌，污染外界环境，通过饲料、水和用具再传给其他母猪和子猪。

本病的发生没有季节性，在猪场内一次流行之后，一般经久不断，只是发病率和病死率有所下降，如不采取有效的防治措施，是不会自行停息的。

2.症状 **潜伏期最短的为8～10小时，一般在24小时左右。**

子猪出生时体况正常，数小时后，一窝子猪中突然有一二头表现全身衰竭，很快死亡。以后其他子猪相继发病，突然拉稀，粪便呈黄色水样，含有凝乳小片，夹杂气泡并带腥臭。捕捉时，在挣扎和鸣叫中，常由肛门冒出稀粪。病猪精神沉郁、停止吮乳，迅速消瘦、脱水，昏迷而死。

3.病变 病死子猪常因严重脱水而显得干瘦，皮肤皱缩，肛门周围粘有黄色稀粪，最显著的病变是胃肠道黏膜的急性卡他性炎症，肠腔扩张，肠壁变薄，肠内有多量腥臭的黄色稀薄内容物和气体，以十二指肠最为严重。

（二）鉴别诊断

应与猪传染性胃肠炎、猪流行性腹泻、子猪红痢等相鉴别，参见猪传染性胃肠炎的鉴别诊断。

（三）防治措施

1.预防 加强饲养管理，改善母猪的饲料和搭配，保持环境卫生和产房温度，注意消毒。接产时用0.1%高锰酸钾擦试乳头和乳房及胸腹部，并挤掉每个乳头中的头几滴乳汁，争取初生子猪尽早哺喂初乳，增强抵抗力。另外，微生态制剂如促菌生、康大宝、益生素等在子猪吃奶前投服，有较好的预防效果。

目前，我国已研制成功了大肠杆菌K_{88}–LTB双价基因工程菌苗，K88、K_{99}、K_{987P}、F_{41}的单价或多价灭活菌苗。通过免疫母猪哺乳，可使新生子猪获得保护。

2.隔离消毒 发病后，应迅速隔离发病子猪，并将哺乳母猪与子猪分开饲养。全面消毒产房、母猪体表皮肤，尤其母猪的乳头及其周围。及时用药物对未发病的子猪进行预防治疗。

3.治疗 由于患病子猪剧烈腹泻而迅速脱水，所以发病后治疗，往往疗效不佳。应在发现一头病猪后立即对全窝子猪用药物预防治疗。由于大肠杆菌易产生抗药性，最好两种药物同时应用。有条件的可作细菌分离和药敏试验，选用敏感药物。常用药物有土霉素、新霉素、磺胺脒等。

子猪白痢

关键技术

诊断：本病诊断的关键是有2～3头猪发病或整窝发病，腹泻物灰白色、腥臭。小肠黏膜充血，肠壁菲薄、灰白色半透明，肠系膜淋巴结水肿。

防治：本病防治的关键是注意产房卫生，尽早使用敏感的抗生素如土霉素、新霉素、磺胺脒等，配合使用收敛止泻，助消化的药。

子猪白痢是由致病性大肠杆菌引起的10～30日龄子猪多发的一种急性肠道传染病。临诊上以排泄灰白色带有腥臭的浆状稀粪为特征，发病率高而致死率低。

（一）诊断要点

1.流行特点 本病发生于10～30日龄子猪，以2～3周龄子猪多发，一窝子猪陆续或同时发病，有的子猪窝发病多，有的子猪窝发病少或不发病。

本病一年四季均可发生，但以严冬、炎热及阴雨连绵季节发生较多。天气突然变坏，如大雪、寒流等；母猪饲养管理和卫生条件不良，如饲料品质差，突然更换饲料，缺乏矿物质和维生素，母猪泌乳过多、过浓或不足，圈舍潮湿阴寒，粪便不及时清扫，温度不定等因素都可促进本病的发生和增加本病的严重性。

2.症状 病猪突然发生腹泻，排出灰白色或黄白色糊状有特殊腥臭的粪便。体温和食欲一般无明显改变。病猪逐渐消瘦，发育迟缓，皮毛粗糙无光，拱背。病程3～7天，多数能自行康复。

3.病变 病死子猪尸体消瘦、脱水，肛门及尾根附近粘着灰白色带腥臭味的粪便，胃黏膜充血、出血，表面附有数量不等黏液。部分小肠黏膜充血，肠壁菲薄，灰白半透明，肠系膜淋巴结水肿。实质脏器无明显变化。

（二）鉴别诊断

应与猪传染性胃肠炎、猪流行性腹泻、猪痢疾、子猪红痢等相鉴别。

（三）防治措施

1.预防 加强对母猪的饲养管理，合理地调配饲料，饲料品种不要突然改变，保持母猪泌乳平衡。产房应保持清洁干燥，不蓄积污水和粪尿，注意通风和消毒。做好子猪的防寒保暖或防暑工作，提早补料，及时补铁等，可减少发病。另外，服用微生态制剂也具有较好的预防和治疗作用。

2.隔离治疗 发病后，要及时对病猪进行隔离治疗，并加强护理，尽量减少或排除各种不良的应激因素，对发病的子猪进行预防性药物治疗。

3.治疗 应早期及时治疗，以收敛、止泻、助消化为主药，如选用活性炭、鞣酸蛋白、调痢生、促菌生、胃蛋白酶等，补充硫酸亚铁或亚硒酸钠、维生素E，必要时投服磺胺脒等抗菌药物。无论采用何种药物治疗，必须与改善饲养管理和消除致病因素相结合，以取得较好的疗效。

猪水肿病

关键技术

诊断：本病诊断的关键是断奶后的子猪多发，发病突然，口吐白沫、抽搐、四肢划动。突出症状是脸部、眼睑、耳后，甚至颈部水肿，局部发烧。胃壁、大肠肠壁水肿，切面流出血样的渗出液。

防治：本病防治的关键是及时使用有效的抗生素，如土霉素、新霉素、痢特灵、磺胺嘧啶，配合盐类泻剂。

猪水肿病是由致病性大肠杆菌引起的断奶前后子猪多发的一种急性肠毒血症，以突然发病，头部水肿，共济失调，惊厥和麻痹为特征，剖检见胃壁和肠系膜显著水肿。本病发病率不高，但病死率很高（90%以上）。

（一）诊断要点

1.流行特点 本病主要发生于断奶后的肥胖子猪，多发生于饲料比较单一而缺乏矿物质（主要为硒）和维生素（B族和E）的猪群。本病以春秋季多发，特别是气候突变和阴雨后多发。一般只限于个别猪群，不广泛传播，发病率10%～35%，致死率很高，可达80%～100%，但各猪群、各时期有差异。

2.症状 突然发病，精神沉郁，食欲减退或废绝，共济失调，步态不稳，有时作圆圈运动，口吐白沫，叫声嘶哑，进而倒地抽搐，四肢划动作游泳状，逐渐发生后躯麻痹，昏迷而死。特征性症状是脸部、眼睑水肿，有时涉及颈部和腹部皮下。病程数小时至1～2天。

3.病变 特征性病变是胃壁黏膜、大肠肠系膜、眼睑和面部以及颌下淋巴结水肿。胃壁黏膜水肿多见于胃大弯和贲门部，切面流出带血的胶冻样渗出液。大肠肠系膜呈透明胶冻样水肿。眼睑和面部水肿，皮下积留水肿液。颌下淋巴结肿胀，切面多汁。胸腔和腹腔积液。

（二）鉴别诊断

应注意与贫血性水肿、缺硒性水肿相鉴别，二者均无明显的神经症状，注射抗贫血药或硒，很快见效。

（三）防治措施

1.预防 应加强子猪断奶前后饲养管理，防止饲料单一化，补充富含矿物质和维生素的饲料，特别注意补硒和维生素E，可减少本病的发生。

本病出现症状后再治疗，一般难以治愈。应在发现第一个病例后，立即对同窝子猪进行预防性治疗。除改善饲养管理、补充矿物质和维生素外，还可在饲料内添加有效的抗菌药物，如土霉素、新霉素、大蒜等，预防本病的发生。

2.治疗 本病缺乏特异性的治疗方法，一般用抗菌药物口服，用盐类泻剂抑制或排除肠道内细菌及其产物。采用磺胺嘧啶腹腔注射法，疗效令人满意。

子猪副伤寒

关键技术

诊断： 本病诊断的关键是1～4月龄子猪易发，长期拉稀、腹泻，四肢内侧皮肤出现紫斑，盲肠和结肠出现边缘不规则的溃疡灶，表面有伪膜覆盖，肝、脾有灰白色坏死灶。

防治： 本病防治的关键是断奶前后及时接种子猪副伤寒菌苗。治疗可用土霉素、新霉素、复方新诺明等。

子猪副伤寒又称猪沙门氏菌病，是由致病性沙门氏杆菌引起的子猪传染病。急性型表现为败血症，慢性型在盲肠及大肠发生弥漫性纤维素性坏死性肠炎，表现慢性腹泻。

本病在我国各地的猪场都有发生，直接影响着子猪的成活和生长发育。

本病的病原是沙门氏杆菌。对干燥、腐败、日光等因素具有一定的抵抗力，在水、土壤和粪便中可存活数月。在60℃经1小时，75℃经5分钟死亡。常用的消毒药均能将其杀死。

（一）诊断要点

1.流行特点 本病多发生于1～4月龄的子猪，病猪和带菌猪是主要的传染源。主要经消化道感染。鼠类可传播本病。

本病一年四季均可发生，但以冬春气候寒冷多变和多雨潮湿季节多发，一般呈散发性或地方流行性。饲养管理不当，圈舍潮湿、拥挤，饲料和饮水供给不良，断奶过早，骤然更换饲料，气候突变，寄生虫病，长途运输等应激因素都可促进本病的发生。另外，当发生猪瘟等传染病时，往往并发或继发感染本病。

2.症状　潜伏期数天至数周不等。临床分为急性型和慢性型。

（1）急性型（败血型）：见于断奶前后的子猪。表现为体温升高（41～42℃），精神沉郁，食欲不振或废绝。后期间或有腹泻，耳根、胸前、腹下及四肢内侧皮肤出现紫斑，此时病猪迅速消瘦，呼吸困难，衰竭死亡。病程2～4天，病死率很高。

（2）慢性型（结肠炎型）：是常见的病型。表现为体温升高（40.5～41.5℃），精神沉郁，食欲减退，寒战，常堆叠一起，眼有黏性或脓性分泌物，上下眼睑被粘着。病初便秘后下痢，粪便淡黄色或灰绿色，恶臭，混有血液及坏死组织碎片。有的病猪腹泻与便秘交替发生。被毛粗乱，逐渐消瘦，有些病猪皮肤出现痂样湿疹，有些病猪发生咳嗽，最后衰竭死亡。病程持续可达数周，不死的病猪生长发育停滞，成为僵猪。

3.病变　不同类型的有不同病变，具体如下。

（1）急性型（败血型）：主要为败血症变化。病死猪的头部、耳朵及腹部等处皮肤有紫斑，脾脏肿大，暗紫色，肝肿大，有针尖大至粟粒大灰白色坏死灶。全身淋巴结肿大，充血，出血，心外膜、胃肠黏膜有出血点，肺有卡他性炎症。

（2）慢性型（结肠炎型）：主要病变在盲肠和大结肠。肠壁淋巴小结肿胀、坏死后形成分散或融合性的、边缘不规则的溃疡面，表面覆盖灰黄色或淡绿色麸皮样物质。重者出现弥漫性黏膜坏死，肠壁增厚。肝、脾及肠系膜淋巴结肿大，常见到针尖至粟粒大的灰白色坏死灶，这是本病的特征性病变。肺常见到卡他性或干酪样肺炎病灶。

（二）鉴别诊断

本病容易与猪瘟相混淆，应注意鉴别。具体参见猪瘟的鉴别诊断。

（三）防治措施

1.预防　坚持自繁自养，严防疫病传入。加强饲养管理，消除发病诱因。常发本病的猪群，应在断奶前后接种子猪副伤寒弱毒冻干菌苗等预防。

2.隔离消毒　当发现本病时，立即隔离病猪，及时治疗。对污染的场地及用具彻底消毒。病死猪应严格进行无害化处理，禁止食用，以防食物中毒。耐过猪多数带菌，应隔离肥育，予以淘汰。未发病的猪可用药物预防。

3.治疗 应与改善饲养管理同时进行，用药时剂量要足，维持时间宜长。

常用抗生素药物有土霉素、新霉素等，土霉素每天50～100毫升／千克体重，新霉素每天5～15毫克／千克体重，分2～3次口服，连用3～5天后，剂量减半，再连续用3～5天。

磺胺类药物以磺胺增效合剂疗效较好。磺胺甲基异恶唑（SMZ）或磺胺嘧啶（SD）20～40毫克／千克体重，加甲氧苄氨嘧啶（TMP）2～4毫克／千克体重，混合后分2次口服，连用7天。或用复方新诺明（SMZ-TMP）70毫克／千克体重，首次量加倍，每天口服2次，连用3～7天。

子猪红痢

关键技术

诊断：本病诊断的关键是生后1～3日龄子猪易发，突然发生血性腹泻，粪便红色水样，肠黏膜广泛出血，肠腔内有红色积液。

防治：本病防治的关键是注意产房和母猪乳头卫生，子猪生后及时用青霉素、链霉素灌服预防本病。常发猪场给母猪注射2次本病菌苗。早期应用青霉素、链霉素、土霉素等。

子猪红痢又称猪梭菌性肠炎，是由C型魏氏梭菌引起的初生子猪的肠毒血症。以腹泻（血痢），肠坏死，病程短，病死率高为特征。

本病的病原是C型魏氏梭菌（又称C型产气荚膜梭菌）。主要产生α和β等外毒素，引起肠毒血症和坏死性肠炎。本菌的繁殖体对一般消毒药敏感，但其芽孢抵抗力较强。

（一）诊断要点

1.流行特点 主要发生于1～3日龄的子猪，1周龄以上的子猪很少发病。由于魏氏梭菌及其芽孢在人畜肠道、粪便、土壤等广泛存在，新生子猪通过污染的母猪乳头、地面或垫草等吃入本菌芽孢而感染。同一猪群内各窝子猪的发病率不同，最高达100%，病死率一般为30%～70%。

2.症状 同一猪场不同窝之间和同窝子猪之间病程差异很大，具体如下。

（1）最急性型：子猪出生当天就发病，突然发生出血性腹泻，后躯沾满带血稀粪，病猪衰弱无力，迅速进入濒死状态。部分子猪无血痢而衰竭死亡。

（2）急性型：病程一般为2天左右，病猪排出带血的红褐色的水样稀粪，内含灰色坏死组织碎片，迅速脱水、消瘦，最后衰竭死亡。

（3）亚急性型：病猪呈现持续的非出血性腹泻，粪便开始为黄软便，后变为清水样，内含坏死组织碎片，似米粥样。表现食欲不振，逐渐消瘦和脱水，一般在初生后5～7天死亡。

（4）慢性型：病程1周以上，呈间歇性或持续性腹泻，粪便为灰黄色黏液状，后躯及尾部附着粪痂，病猪逐渐消瘦，生长停滞，最终死亡或形成僵猪。

3.病变 典型病变主要在空肠，而十二指肠一般无病变。实质器官变性并有出血点。

（1）最急性型：病变肠段暗红色，与正常肠段界线分明，肠腔内充满暗红色液体，肠黏膜及黏膜下层广泛出血，肠系膜淋巴结为鲜红色。腹腔有樱桃红色积液。

（2）急性型：出血不明显，但肠坏死严重。肠壁变厚，弹性消失，色泽变黄。肠黏膜呈黄色或灰色，肠腔内含有稍带血色的坏死组织碎片松散地附着于肠壁。

（3）亚急性型：病变肠段黏膜坏死严重，可形成坏死性假膜，易于剥下。在坏死肠段的浆膜下层和肠系膜淋巴结中有数量不等的小气泡。

（4）慢性型：肠管外观正常，但黏膜上有坏死性假膜牢固附着的坏死区。

（二）鉴别诊断

应注意与传染性胃肠炎、猪流行性腹泻、子猪黄痢等相鉴别，参见传染性胃肠炎的鉴别诊断。

（三）防治措施

1.预防　平时搞好猪舍和周围环境的卫生工作，定期消毒，尤其是产房，临产前母猪乳头要彻底清洗和消毒，可以减少本病的发生与传播。初生子猪产后未哺乳前及其以后的3日内，用青霉素、链霉素各10万国际单位/千克体重，灌服，能有效预防本病的发生。在有本病流行的猪场，给母猪注射C型魏氏梭菌类毒素或子猪红痢菌苗2次，可产生足够的初乳抗体，保护子猪免于发病，第一次于产前1个月，第二次于产前半个月。以后在每次怀孕时于产前2～3周加强免疫1次。

2.治疗　由于本病发病急、病程短，一旦出现临诊症状，用抗菌药物治疗往往效果不好。早期应用青霉素、链霉素、土霉素等抗菌药物有一定疗效。

猪丹毒

关键技术

诊断：本病诊断的关键是3～6月龄的架子猪在夏季多发，高烧、呕吐，皮肤上出现大小不等的疹块，后期变成黑紫色皮革状。慢性病猪心内膜出现结节状赘生物，关节增生性炎症。

防治：本病防治的关键是每年定期接种2次疫苗，治疗时可用大剂量青霉素，也可用四环素和土霉素。发病早期使用抗丹毒血清效果更好。

猪丹毒是由猪丹毒杆菌引起的，主要发生于猪的一种传染病。其特征为急性型呈败血症经过；亚急性型在皮肤上出现特异性紫红色疹块；慢性型常发生心内膜炎、关节炎等。本病广泛分布于世界各地，在我国仍是一种威胁养猪业的主要传染病。

本病的病原是猪丹毒杆菌，该菌的抵抗力很强，猪肉内细菌经盐腌或熏制后仍能存活2～4个月，日光下存活10天，在掩埋尸体内能存活7个月，耐酸性较强，能抵抗胃酸的作用。但对热敏感，对消毒药抵抗力较低，3%来苏尔、1%漂白粉、2%福尔马林均能在5～10分钟内杀死本菌。磺胺类药物对本菌没有抑制作用，对青霉素有高度抑制作用。

（一）诊断要点

1.流行特点 不同年龄猪均易感，但多发生于3～6月龄的架子猪，哺乳子猪和老龄猪很少发生。吸血昆虫（如蚊、蜱等）可以成为本病的传播媒介。本病主要经污染的土壤、饲料（如泔水、屠宰场废水、废料、鱼粉等）经消化道感染，其次是皮肤创伤感染。本病一年四季均可发生，但在夏季多发，呈地方流行或散发。

2.症状 潜伏期一般为3～5天。

（1）急性型：见于流行初期，个别病例不呈任何症状而突然死亡。多数病猪体温升高至42～43℃，稽留3～5天，不愿走动，躺卧地上，寒战、减食、呕吐，驱赶行走时步态不稳，站立时背腰拱起。结膜潮红，眼睛清亮有神，粪便干硬附有黏液，后期可发生腹泻。发病后1～2天，可在胸、腹、四肢内侧、耳部皮肤上出现大小不等的红斑，指压退色，去压后又复原。病程2～4天，病死率达80%～90%。

（2）亚急性型（疹块型）：欲称“打火印”，以皮肤出现疹块为特征。病初精神沉郁，食欲不振，不愿走动，体温升高到41℃以上。经1～2天后，在肩、胸、背、腹及四肢等处出现大小不等的方形、圆形、菱形及不规整的疹块，先呈淡红色，后变为紫红以至黑紫色，多呈扁平凸起，界限分明，有几个到几十个。大部分病猪随着疹块的出现，体温下降，病情减轻，疹块颜色逐渐消退，隆起部下陷，最后形成干痂，脱落而自愈。少数病例，许多小疹块融合形成大块皮肤坏死，不脱落，似龟壳，剥落后形成疤痕。一般取良性经过，经1～2周恢复。

（3）慢性型：常见的有疣状心内膜炎和浆液性纤维素性关节炎，也可见到皮肤坏死病例。疣状心内膜炎表现精神不振，食欲时好时坏，呼吸困难，但体温正常，听诊心跳加快，有杂音，可视黏膜呈蓝紫色，喜卧，衰弱，强行驱赶可能突然倒地死亡。关节炎多发于腕关节和跗关节，患病关节肿胀，疼痛，步态强且，跛行，甚至倒地不起。皮肤坏死常发生于耳、肩、背、尾及蹄，局部皮肤变黑，干硬如皮革样，最后脱落，遗留下淡色的疤痕，不长毛。

3.病变 各种类型有不同病变，具体类型如下。

（1）急性型：皮肤出现红斑。脾显著肿大呈樱桃红色，切面结构不清，易刮脱。肾肿大，淤血呈暗红色，表面和切面有散在的小出血点。淋巴结充血肿大，肺充血水肿。胃及十二指肠卡他性或出血性炎症。胸、腹腔及心包中常有多量含有纤维蛋白的渗出物。

（2）亚急性型：以皮肤上形成许多特异性的疹块为特征。内脏变化较急性型轻微。

（3）慢性型：疣状心内膜炎主要发生于二尖瓣和主动脉瓣，心内膜上附有灰白色结节状赘生物，表面粗糙，似花椰菜状。关节炎为多发性增生性关节炎，不化脓，主要侵害四肢关节，患病关节肿大，关节囊内有多量黏液性、纤维素性渗出物。皮肤坏死常见于耳、肩、背、尾及蹄处，严重者可见部分耳廓或尾部脱落。

（二）鉴别诊断

疹块型及慢性型猪丹毒各有其特有症状，一般不难与其他病区别，但急性猪丹毒病例应注意与猪瘟、猪肺疫、猪副伤寒、猪败血型链球菌病相鉴别，参见猪瘟的鉴别诊断。

（三）防治措施

1.预防 用来喂猪的泔水及畜禽加工厂的下脚料必须煮沸后再喂猪。还应注意驱除猪圈及周围的蚊蝇和鼠类，并防止猪和猪饲料与其他带菌动物（如禽类、犬、牛、绵羊等）的接触和污染。

在本病常发地区，每年定期进行预防接种是控制本病的最有效方法。目前我国使用的菌苗有猪丹毒弱毒冻干菌苗、猪丹毒氢氧化铝菌苗及猪瘟猪丹毒猪肺疫三联苗。

2.隔离消毒 发现病猪后应立即确诊，对病猪及时隔离治疗，病死猪深埋或烧毁，可疑感染猪立即用青霉素或抗血清进行紧急注射，假定健康猪立即用弱毒菌苗免疫。

3.治疗 青霉素是治疗本病的首选抗生素。急性病猪最好先用青霉素按1万国际单位／千克体重静脉注射，同时用常规量的青霉素肌注，以后每天肌注2次，直至体温和食欲恢复正常，为防止复发或转为慢性，应继续肌注1～2天。也可用四环素和土霉素。在发病早期，皮下或静脉注射猪丹毒抗血清有良好疗效。

猪肺疫

关键技术

诊断：本病诊断的关键是高烧，不吃，咳嗽，胸部疼痛，呈犬坐呼吸，皮肤有紫斑或出血点。喉头及周围有大量出血性水肿液，气管内有大量泡沫黏液，肺炎严重，胸膜与病肺粘连。

防治：本病防治的关键是每年定期接种2次本病的菌苗，发病早期使用青霉素、庆大霉素、土霉素和磺胺药有较好疗效。

猪肺疫，又称猪巴氏杆菌病，俗称“锁喉风”，是由特定血清型的多杀性巴氏杆菌引起的急性或散发性传染病。病的特征是败血症，咽喉部急性肿胀，纤维素性胸膜肺炎等。本病分布于世界各地，发病率不高，常继发于其他传染病。

本病的病原是多杀性巴氏杆菌。本菌对外界环境的抵抗力不强，一般消毒药在数分钟内均可将其杀死。

（一）诊断要点

1.流行特点 各种年龄的猪都可感染发病。主要经消化道、呼吸道传播，吸血昆虫叮咬、皮肤黏膜损伤也可发生传染。带菌猪在外界不良因素作用下而抵抗力降低时，或发生某种传染病时，可发生内源性感染。

本病一般无明显的季节性，但以冷热交替、气候剧变、潮湿、多雨时期发生较多；一些诱发因素如营养不良、饲料突变、寄生虫病、长途运输等可促进本病的发生。本病一般为散发，有时可呈地方流行性。

2.症状 潜伏期一般1～3天，有时5～12天。根据病程，可分为最急性、急性和慢性三种类型。

（1）最急性型：见于流行初期，常突然发病，迅速死亡。发展稍慢的表现体温升高（41～42℃），食欲废绝，可视黏膜蓝紫色，咽喉部肿胀，有热痛，口鼻流出泡沫，呼吸极度困难，常呈犬坐姿势。病死率常为100%，病程1～2天。

（2）急性型：是本病常见的病型。病初体温升高（40～41℃），发生短而干的痉挛性咳嗽，呼吸困难，有鼻液，食欲不振或废绝，后变为湿咳，触诊胸部有剧烈的疼痛反应。初期便秘，后期腹泻。病情严重后，表现呼吸极度困难，呈犬坐姿势，可视黏膜发绀，皮肤有紫斑或小出血点。机体消瘦无力，卧地不起，多窒息死亡。病程4～7天，不死者转为慢性。

（3）慢性型：多见于流行后期，表现精神沉郁，食欲减退，持续性咳嗽和呼吸困难，逐渐消瘦，常有腹泻。有时关节肿胀，皮肤发生湿疹。病程2周以上，多数衰竭而死。

3.病变 不同类型有不同病变，具体类型如下。

（1）最急性型：全身黏膜、浆膜出血，尤以喉头及其周围组织的出血性水肿为特征。皮下组织可见大量胶冻样淡黄色浆液。全身淋巴结肿胀、出血，肺充血、水肿。

（2）急性型：特征性的病变是纤维素性肺炎变化。可见气管、支气管内有多量泡沫黏液，肺有大小不等的肝变区，肝变区中央常有干酪样坏死灶。胸膜有纤维素性附着物，胸膜与病肺粘连。胸腔及心包积液。

（3）慢性型：病猪极度消瘦，肺组织大部分发生肝变，并有大块坏死灶。肺、肋及胸膜粘连。胸腔内常积有多量黄色浑浊的液体。

（二）鉴别诊断

除注意与猪瘟、猪丹毒区别诊断外，还应与急性炭疽、猪传染性胸膜肺炎、猪气喘病等相鉴别。

1.急性咽喉型炭疽 猪很少发生急性炭疽。咽喉型炭疽的主要病变是颌下、咽后和颈前淋巴结肿大、出血，而最急性猪肺疫则是咽喉部肿胀，肺有急性肺水肿和肝变等病变。取病料作细菌学检查，两者病原形态不同，易于分开。

2.猪传染性胸膜肺炎 易与急性猪肺疫混淆。传染性胸膜肺炎的病变局限于呼吸系统，肺炎肝变区呈一致的紫红色。而急性猪肺疫常见咽喉部肿胀，皮肤、浆膜及淋巴结有出血点，肺炎区常有红色肝变区和灰色肝变区混合存在。两者涂片染色镜检，可见到不同的病原体。

3.猪气喘病 气喘病主要症状是气喘、咳嗽，体温和食欲无变化，剖检肺有肉样或胰样变区，无败血症和胸膜炎的变化，可与猪肺疫区别。

（三）防治措施

1.预防 加强饲养管理，消除或减少一切可以降低猪抵抗力的外界不良因素，新引进猪要隔离观察1个月后再合群饲养。每年春、秋两季定期用猪肺疫氢氧化铝甲醛菌苗或猪肺疫弱毒冻干菌苗进行两次免疫接种。

2.隔离治疗 发病后，隔离病猪，及时治疗。对猪舍场地及用具进行消毒。死猪要深埋或烧毁。慢性病猪难以治愈，应急宰加工，肉煮熟后食用，内脏及血水应深埋。对未发病猪可用药物预防，待疫情稳定后，再用菌苗免疫接种。

3.治疗 发现病猪及可疑病猪立即隔离治疗。早期应用抗生素（青霉素、庆大霉素、土霉素等）和磺胺类药物治疗，有一定疗效。

猪气喘病

关键技术

诊断：本病诊断的关键是冬季多发，剧烈咳嗽和气喘，喘鸣音明显，肺膨大、气肿，典型的支气管肺炎变化，病变界限明显，似鲜嫩肌肉样，切面流出多量白色泡沫。

防治：本病防治的关键是尽可能自繁自养，注意防寒保暖，必要时可以试用猪气喘病弱毒苗。治疗可使用长效土霉素、卡那霉素、泰乐菌素、恩诺沙星等，但疗程一定要长。

猪气喘病，又称猪地方流行性肺炎，是由猪肺炎霉形体引起猪的一种接触性慢性呼吸道传染病。主要临诊症状是咳嗽和气喘。剖检变化为肺的尖叶、心叶、膈叶的对称性实变，以及肺门淋巴结增生。本病广泛存在于世界各地。

本病的病原是猪肺炎霉形体。该病菌对外界环境抵抗力不强，在室温下其存活时间不超过36小时，日光及常用的消毒药都可迅速将其杀死。对青霉素、链霉素和磺胺类药物不敏感，但对壮观霉素、卡那霉素、土霉素、泰乐菌素等敏感。

（一）诊断要点

1.流行特点 本病仅发生于猪，以哺乳子猪和幼猪多发，死亡率高，其次是怀孕后期及哺乳母猪，成年猪多呈隐性感染。哺乳子猪常从患病母猪受到感染。传染途径主要为呼吸道，病猪经咳嗽、气喘和喷嚏排出病原体，健康猪吸入含有病原体的飞沫而感染。

本病一年四季均可发生，但以冬春季节较多见。新发病猪群呈暴发流行，急性经过，发病率和病死率均高。老疫区多取慢性经过，病死率很低。饲料质量差，猪舍拥挤、阴暗潮湿、寒冷、通风不良，长途运输及环境突变等因素能诱发本病的发生和加重病情，甚至引起死亡。

2.症状 潜伏期一般为10～16天。主要症状表现为咳嗽和气喘。

（1）急性型：常见于新疫区的病猪群，以子猪、怀孕和哺乳母猪多见。表现突然发病，呼吸加快，严重者张口喘气，口鼻流泡沫，发出哮鸣声似拉风箱。呈犬坐姿势，腹式呼吸，一般咳嗽少而低沉，有时发生痉挛性阵咳，体温一般正常。

（2）慢性型：见于流行后期或老疫区。病猪长期咳嗽，以清晨或晚间，运动及进食后发生较多。初为单咳，严重时呈痉挛性咳嗽。咳嗽时站立不动，弓背，颈伸直，直到呼吸道中分泌物咳出咽下为止。病猪常流鼻涕，有眼屎，可视黏膜发绀，食欲降低，但体温不高。小猪生长发育受阻，逐渐消瘦衰弱，病程可达2～3个月，长者达半年以上。

（3）隐性型：成年猪和育肥猪多见。偶见咳嗽和气喘，全身症状无明显变化。但以X射线检查或剖检可见肺部有不同程度的肺炎变化。

3.病变 主要病变在肺部和肺部淋巴结。肺膨大，有不同程度的水肿和气肿。早期病变发生在肺尖叶、心叶上，粟粒大至绿豆大，逐渐扩展融合成多叶病变，为融合性支气管肺炎，肺呈淡灰色或灰红色半透明状。病变界限明显，似鲜嫩肌肉样，俗称“肉变”。病变部切面湿润致密，常从小支气管流出浑浊灰白色带泡沫的浆液或黏液。随病程延长，病情加重时，病变部呈淡紫色、深紫红色或灰白色、灰黄色，坚韧度增加，俗称“胰变”或“虾肉样变”。肺门和纵膈淋巴结肿大呈灰白色，切面外翻湿润，边缘呈轻度充血。

（二）鉴别诊断

应与猪流行性感冒、猪肺疫、猪传染性胸膜肺炎、猪肺丝虫病和蛔虫病相鉴别。

1.猪流行性感冒 突然暴发，传播迅速，各种年龄的猪均发病，体温升高，病程短，流行期短。而猪气喘病以子猪和怀孕及哺乳母猪发病多见，成年猪和育肥猪呈隐性感染，体温不升高，病程较长，传播较缓慢，流行期很长。

2.猪肺疫和猪传染性胸膜肺炎　参见猪肺疫的鉴别诊断。

3.猪肺丝虫病和蛔虫病　肺丝虫和蛔虫的幼虫可引起咳嗽，剖检时偶尔见到支气管肺炎病变，检查时可发现虫卵和虫体。炎症变化常位于膈叶下垂部，检查粪便有虫卵或孵化出的肺丝虫幼虫，蛔虫的幼虫性咳嗽几天内可逐渐消失。

（三）防治措施

1.预防　坚持自繁自养，原则上不从外地引进猪只，这是预防本病的关键，必须引进种猪时，应严格隔离检查3个月，采用X射线透视2～3次，确认无本病时方可混群。平时注意加强猪群的饲养管理，喂给优质饲料，猪舍保持清洁、干燥、通风，加强防寒保暖，避免拥挤，定期消毒。中国兽药监察所和江苏农科院已研制出猪气喘病弱毒苗，在有本病的猪场，可以试用。

2.隔离治疗　发病猪场要采取早期发现，严格隔离，对症治疗，淘汰病猪，更新猪群等综合措施。

3.治疗　早期应用土霉素、卡那霉素、泰乐菌素等药物进行治疗有一定效果。实践证明，如能改善卫生条件，注意防寒保暖，增喂青绿多汁优质饲料，定期驱虫等对提高药物疗效具有重要意义。

猪破伤风

关键技术

诊断：本病诊断的关键是病猪四肢僵直，尾不摆动，受到刺激后发生全身性痉挛和角弓反张。

防治：本病防治的关键是在断脐、去势时要注意严格消毒同时注射破伤风抗毒素，治疗时用青霉素和破伤风抗毒素同时使用，配合对症治疗。

破伤风是由破伤风梭菌引起的急性创伤性中毒性传染病。其临诊特征是全身肌肉或某些肌群呈持续性的痉挛性收缩和对外界刺激的反射兴奋性增高。猪发病常见于阉割、外伤及脐部感染之后，多为散发。

本病的病原是破伤风梭菌。本菌为厌氧菌，能产生痉挛毒素和溶血毒素。本菌的繁殖体抵抗力不强，但其芽孢具有很大的抵抗力。常用消毒剂有10%碘酊、10%漂白粉及3%双氧水等。

（一）诊断要点

1.流行特点 各种家畜均有不同程度的易感性。破伤风梭菌的芽孢广泛存在于土壤等外界环境中，本病一般经伤口，特别是小而深的伤口感染。猪多见于阉割后的感染及新生子猪的脐部感染。一般为散发性。

2.症状 潜伏期一般为1～2周。其主要症状是四肢僵直，两耳竖立，尾不摆动，牙关紧闭，流涎，对光、声和其他刺激敏感，常有"吱吱"的尖细叫声。严重者发生全身性痉挛及角弓反张，病死率很高。

3.病变 死后剖检无特征性的病理变化。

4.实验室检查 采取伤口分泌物或者深部坏死组织，涂片镜检。

（二）防治措施

1.预防 加强饲养管理，防止猪发生外伤。断脐、去势及外科手术时，应注意术部及器械的消毒，同时注射精制破伤风抗毒素进行预防。

2.治疗 确诊后对病猪及时治疗，需采取综合疗法：及时发现和处理伤口，清除异物、坏死组织等，消毒创面，并在伤口周围注射青霉素；早期注射破伤风抗毒素，每头按20万～80万国际单位，最好一次大剂量注射；对症治疗可使用镇静药，如盐酸氯丙嗪或25%硫酸镁，防止酸中毒用5%碳酸氢钠静注，对牙关紧闭者用3%盐酸普鲁卡因穴位注射，同时输液以补充营养。在治疗过程中，必须加强护理，将病猪置于光线较暗的安静环境中，避免各种刺激，防止病猪摔倒。对采食困难的病猪可用胃管灌服营养丰富的流汁食物。

猪链球菌病

关键技术

诊断：本病的关键是有发烧，腹下、四肢下端及耳朵呈紫红色，并有出血斑，便秘或腹泻，粪便带血，小猪出现转圈、磨牙、四肢划动等神经症状，慢性的表现关节炎。咽部和颈部淋巴结肿胀化脓，肺呈化脓性肺炎和胸膜粘连，脾肿大出血，脑膜充血、出血。

防治：防治的关键是猪场用猪链球菌氢氧化铝菌苗进行接种。治疗可用大剂量的青霉素、土霉素和磺胺药。

链球菌病是由链球菌属中致病性链球菌引起的动物和人共患的一种多型性传染病。急性常为出血症和脑炎，慢性以关节炎、心内膜炎、淋巴结化脓及组织化脓等为特征。本病分布于世界各地，在我国时有发生，对我国的养猪业有较大的威胁。

本病的病原是链球菌，本菌对外界环境的抵抗力不强，对干燥、高温等都很敏感，对常用的抗生素敏感。常用消毒药都易将其杀死。

（一）诊断要点

1.流行特点 新生子猪、哺乳子猪的发病率和病死率较高。其次为中猪和怀孕母猪，成年猪发病较少。伤口是重要的传染途径，新生子猪常经脐带感染，呼吸道为主要传染途径，还可经消化道传播。

本病为地方流行性，在新疫区呈暴发，发病率和病死率甚高。慢性型呈散发性。本病流行无明显的季节性，但以5～11月份多发。

2.症状 潜伏期1～3天，长者6天以上。

（1）急性败血型：在流行初期常见不到明显症状而突然死亡。急性病例表现突然停食，体温升高至41℃以上，精神沉郁，结膜潮红、流泪、流鼻液，呼吸急迫，腹下、四肢下端及耳朵呈紫红色，并有出血斑，病猪便秘或腹泻，粪便带血，常在1～2天内死亡。

（2）脑膜脑炎型：多见于哺乳和断奶子猪。病初体温升高，不食，便秘，流鼻液。继而出现神经症状，运动失调，转圈，空嚼，磨牙，仰卧，后躯麻痹，侧卧于地，四肢呈游泳状，最后衰竭而死。病程1～2天。

（3）关节炎型：由前两型转来，或发病即发现为关节炎症状，一肢或几肢关节肿胀，疼痛，跛行，甚至不能站立，精神和食欲时好时坏，衰弱死亡或逐渐康复。病程2～3周。

（4）淋巴结脓肿型：多见于颌下淋巴结，有时见于咽部和颈部淋巴结。受害淋巴结肿胀，有热痛，可影响采食、咀嚼、吞咽和呼吸。有的咳嗽、流鼻液。当脓肿成熟时，中央变软，皮肤变薄，自行破溃流出脓汁，以后全身症状好转，局部逐渐痊愈。病程3～5周。

3.病变 急性病例血液凝固不良，胸腹下和四肢皮肤有紫斑或出血斑。全身淋巴结肿大、出血，有的切面化脓或坏死，黏膜、浆膜及皮下均有出血斑。心包及胸腹腔积液、浑浊，并含有絮状纤维素。肺呈化脓性支气管肺炎变化，多见于肺下部，病变部坚实，灰白、灰红或暗红色，切面脓样。肺胸膜粗糙增厚，与胸壁粘连。脾肿大，出血。脑及脑膜充血出血，脑脊髓液增多。关节皮下胶样水肿，关节面粗糙，滑液浑浊呈淡黄色，内含干酪样物，关节周围化脓坏死。

（二）鉴别诊断

败血型猪链球菌病应注意与猪瘟、急性猪丹毒相鉴别，参见猪瘟的鉴别诊断。脑膜脑炎型猪链球菌病应注意与猪伪狂犬病、猪传染性脑脊髓炎、血凝性脑脊髓炎、李氏杆菌病等相鉴别，参见猪传染性脑脊髓炎的鉴别诊断。

（三）防治措施

1.预防 清除养猪环境中易引起外伤的因素，对刚出生的子猪应立即无菌结扎脐带，并用碘酊消毒。同时要做好猪舍、环境、用具的消毒卫生工作。

2.隔离防治 发生本病时，对病猪立即隔离治疗，带菌母猪尽可能淘汰。污染的环境和用具彻底消毒。急宰猪或宰后发现可疑病变的猪肉，经高温处理后方可食用。有条件的猪场可用猪链球菌氢氧化铝菌苗对假定健康猪免疫接种。不使用菌苗时，可用敏感的抗菌药物进行预防。

3.治疗 及时用大剂量青霉素、土霉素和磺胺类药物治疗，必要时，通过药敏试验，选用最有效的抗菌药物治疗。对淋巴结化脓病例，早期用抗菌药物治疗有效，当脓肿成熟后，切开脓肿，排除脓汁，局部按外科方法处理。

猪痢疾

关键技术

诊断：本病诊断的关键是断奶以后的子猪发生出血性下痢，粪呈黑色，含有黏液、血液和坏死组织碎片，很快消瘦。结肠和盲肠充血水肿，内容物有血块和纤维素性渗出物。慢性的为大肠黏膜坏死，形成呈豆腐渣样的假膜。

防治：本病防治的关键是不从有病猪场引猪，治疗可用痢菌净、杆菌肽、二甲硝基咪唑、洁霉素、新霉素、泰乐菌素、四环素等。

猪痢疾，又称血痢，是由猪痢疾密螺旋体引起猪的一种严重的肠道传染病。以黏液性或黏液出血性腹泻为特征。剖检见大肠黏膜发生卡他性、出血性及坏死性炎症。本病一旦侵入猪群则不易根除。

本病的病原是猪痢疾密螺旋体。本菌对外界环境的抵抗力较强，在25℃粪便中能存活7天，在4℃土壤中能存活102天，但对日光和热敏感，一般消毒药均可将其杀死。

（一）诊断要点

1.流行特点　仅发生于猪，不同品种、年龄的猪均易感，但以7～12周龄的幼猪多发。病猪和带菌猪是主要传染源，康复猪带菌率很高，带菌时间可达70天以上，病原体随粪便排出，污染周围环境、饲料、饮水和用具等，经消化道传播。狗、鼠类及苍蝇可能成为传播媒介。本病传播缓慢，流行期长，一旦传入猪群，很难根除，用药可暂时好转，停药后往往又会复发。

2.症状　潜伏期一般为10～14天，主要症状为轻重程度不同的腹泻，根据病程长短可分为以下类型。

（1）最急性型：无腹泻症状而突然死亡，病程仅数小时。

（2）急性型：最常见，初期排出黄色至灰色的软便，病猪精神沉郁，食欲减退，体温升高（40～40.5℃），当发生持续腹泻时，粪便中混有黏液、血液及纤维碎片，呈棕色、红色或黑红色。病猪弓背吊腹，脱水消瘦，虚弱而死或转为慢性。病程1～2周。

（3）慢性型：病猪表现时轻时重的黏液出血性下痢，粪呈黑色（称黑痢），粪中含较多黏液和坏死组织碎片，进行性消瘦，生长停滞。部分康复猪经一定时间还可复发，病程在2周以上。

3.病变　病死猪显著消瘦，被毛为粪便污染。主要病变局限于大肠

（结肠和盲肠），急性期病猪大肠壁和肠系膜充血、水肿，黏膜肿胀，覆盖黏液、血块及纤维素性渗出物。病程稍长的病例主要为坏死性大肠炎，黏膜表层坏死，形成黏液纤维蛋白假膜，外观呈麸皮样或豆腐渣样。其他脏器无明显变化。

（二）鉴别诊断

应注意与猪传染性胃肠炎、猪流行性腹泻、子猪白痢、猪轮状病毒病等相鉴别。参见猪传染性胃肠炎的鉴别诊断。

（三）防治措施

1.预防　本病尚无菌苗可供预防。平时应坚持自繁自养，防止引进带菌猪。对猪群加强饲养管理和清洁卫生，保持栏圈干燥、洁净，并实行“全进全出”的肥育制度。

2.隔离消毒　在非疫区发现本病，最好全群淘汰，彻底清扫和消毒，并空圈2～3个月，再由无病猪场引进新猪，这样方能根除本病。在疫区，发病猪数量多，难以全群淘汰时，对猪群采用药物治疗，并结合消毒、隔离、合理处理粪尿等措施，亦可控制和消灭本病。

3.治疗　药物治疗有一定疗效，但容易复发。痢菌净，治疗量为5毫克／千克体重，口服，每天2次，连用3～5天，预防量为50克／吨饲料，可连续使用。杆菌肽治疗量为500克／吨饲料，连用21天，预防量减半。二甲硝基咪唑、洁霉素、新霉素、泰乐菌素、四环素类等多种抗菌药物都有一定疗效。

猪钩端螺旋体病

关键技术

诊断：本病诊断的关键是病猪高烧、便秘或腹泻，尿呈红色，体表水肿。皮肤和黏膜黄染，肾肿大、有坏死灶，肝肿大，胆囊充盈，淋巴结肿大、出血，膀胱积尿，尿色红褐类似红茶。

防治：本病防治的关键是注意捕鼠灭鼠，常发地区接种多价灭活菌苗。链霉素、土霉素、金霉素有一定疗效。

钩端螺旋体病是由致病性钩端螺旋体引起的人畜共患的一种自然疫源性传染病。猪大多呈隐性感染，有时表现为短期发热，黄疸，血红蛋白尿，出血性素质，流产，水肿及皮肤黏膜坏死等特征。

本病的病原是致病性钩端螺旋体。本菌对外界环境抵抗力不强。在池塘、沼泽及淤泥中，可存活3周以上，但对热、日光和干燥敏感，常用消毒药能迅速将其杀死。

（一）诊断要点

1.流行特点 鼠类为贮存宿主，可终生带菌。由贮存宿主排出本菌而污染外界环境成为危险的疫源地，特别在雨季河水泛滥时会造成本病流行。患病和带菌动物可经多种途径排菌，但主要由尿排出，污染水源、土壤等，主要经皮肤、黏膜感染，特别是破损的皮肤感染率高，也可经消化道感染。本病可感染各种年龄的猪，但以幼猪发病较多。一般为散发性，一年四季都有发生，有时呈地方流行性，以夏秋季节多发。

2.症状 潜伏期一般为3～7天，猪多数无临诊症状，呈隐性经过，但可以长期带菌和排菌。极少数症状明显，表现精神委顿，体温升高，厌食，便秘或腹泻，尿呈红色，水肿和黄疸，间或发生死亡。怀孕母猪流产，产死胎。个别猪表现脑膜脑炎症状。

3.病变 急性病例肉眼可见皮肤、皮下组织、浆膜和黏膜黄染，心、肺、肾、肠系膜和膀胱黏膜有出血现象，肾肿大，肾皮质部有散在灰白色病灶。淋巴结肿大出血。肝肿大，呈黄棕色。胆囊肿大充盈。皮肤发生坏死，皮下水肿。心包和胸腹腔有黄色积液。膀胱积尿，尿色红褐类似红茶。

（二）防治措施

1.预防 本病分布广，隐性感染普遍，需采取综合性防治措施。防止水源污染，搞好环境及猪圈卫生，开展群众性捕鼠、灭鼠工作。在本病常发地区，有计划地进行预防接种，使用多价灭活菌苗，可控制本病的危害。

2.治疗 链霉素、土霉素、金霉素有一定疗效。进行全群治疗时，可在饲料中加入土霉素（每千克饲料加入0.75～1.5克），连喂7天，可以减轻症状和消除带菌状态。怀孕母猪在产前饲喂含土霉素饲料，可防止流产。

猪传染性萎缩性鼻炎

关键技术

诊断：本病诊断的关键是病猪呈慢性鼻炎，剧烈地咳嗽和喷嚏，鼻部瘙痒，用力摩擦鼻部甚至致出血，颜面部扭曲变形，鼻梁塌陷，鼻吻向一侧歪斜。鼻甲骨萎缩，鼻中隔弯曲，使鼻孔成为一个鼻道。

防治：本病防治的关键是进行药物预防，或用支气管波氏杆菌和多杀性巴氏杆菌油乳剂二联灭活菌苗，对怀孕母猪和子猪进行接种。治疗药物可用恩诺沙星或磺胺类药等。

猪传染性萎缩性鼻炎是猪的一种慢性传染病。其特征为慢性鼻炎、颜面部变形、鼻甲骨（尤其是鼻甲骨下卷曲）萎缩和生长迟缓。

本病的主要病原是支气管败血波氏杆菌Ⅰ相菌，其次是产毒素的多杀性巴氏杆菌（主要是D型）。本菌对外界环境抵抗力不强，一般消毒药均可将其杀死。

（一）诊断要点

1.流行特点 各种年龄的猪都有易感性，发病率随年龄增长而下降。1周内的乳猪感染后，可引起原发性肺炎，致全窝子猪死亡。发病猪年龄一般较大，多数在断奶前感染，发生鼻炎后引起鼻甲骨萎缩，若为断奶后感染，则在鼻炎消退后不出现或只有轻度鼻甲骨萎缩。因此疫场中的成年猪常成为无病变的隐性带菌者。

本病主要通过空气飞沫由呼吸道感染后代。本病在猪群中传播较缓慢，多呈散发性。饲养管理不当，如猪舍潮湿拥挤，饲料中缺乏蛋白质、矿物质和维生素时，可促使本病的发生。

2.症状 本病可在3～4日龄乳猪中发生，表现为剧烈地咳嗽，呼吸困难。病猪极度消瘦，可使全窝猪发病死亡，而哺乳母猪不发病。

一般为6～8周龄子猪发病，最早见于1周龄的猪。病初表现打喷嚏，吸气有鼾声，鼻孔流出少量浆液性或黏液脓性分泌物，喷嚏呈连续性或间断性，常在饲喂或运动时加剧，病猪常因鼻炎刺激鼻黏膜，表现不安，摇头拱地，搔抓或摩擦鼻部，严重时吸气困难，呈张口呼吸。眼结膜发炎、流泪；白猪常见内眼角的皮肤上形成半月状湿润区，常粘结成黑色泪痕。经2～3个月后，多数病猪进一步发展引起鼻甲骨萎缩，使鼻腔和颜面部变形。当两侧鼻甲骨病损相等时，外观鼻缩短向上翘起，鼻盘正后部皮肤形成较深皱褶，下颌伸长，上下门齿错开，不能咬合。若一侧鼻甲骨严重萎缩时，鼻歪斜向同侧，甚至扭歪45° 角。额窦发育不正常，使两眼间宽度变小，头部轮廓变形。病猪生长发育停滞，成为僵猪。

3.病变 主要病变在鼻腔及邻近组织，特征性的变化为鼻甲骨萎缩，常见鼻甲骨下卷曲部萎缩，严重时鼻甲骨消失，鼻中隔弯曲，使鼻腔成为一个鼻道。鼻腔常有黏液脓性或者干酪样渗出物。

（二）防治措施

1.预防 坚持自繁自养，加强检疫工作，严防购进病猪或带菌猪。一旦发生本病，对病猪及可疑病猪坚决淘汰，根除传染来源，对假定健康猪使用抗菌药物预防，或用支气管败血波氏杆菌Ⅰ相菌油佐剂灭活菌苗或支气管败血波氏杆菌Ⅰ相菌和产毒素D型多杀性巴氏杆菌油佐剂二联灭活菌苗对怀孕母猪和子猪进行免疫接种。

2.治疗 支气管败血波氏杆菌对抗生素和磺胺类药物敏感，但不能彻底清除呼吸道内的细菌，停药后多数猪复发。因此，一般不做治疗。

猪传染性胸膜肺炎

关键技术

诊断：本病诊断的关键是高烧，呼吸严重困难，咳嗽，鼻流出血色带泡沫的分泌物，口、鼻、耳及四肢皮肤呈暗紫色。气管充满泡沫样血色黏液。严重肺炎，肺水肿、充血、出血，时久则坏死，与胸膜粘连。

防治：本病防治的关键是使用抗生素如青霉素、土霉素、氟苯尼考和磺胺甲基异唑等，疗效较好。

猪传染性胸膜肺炎是由胸膜肺炎放线杆菌引起猪的一种呼吸道传染

病。以胸膜肺炎症状和病变为特征。急性病例大多死亡，慢性病例常能耐过。

本病的病原是胸膜肺炎放线杆菌，能产生毒素。本菌对外界环境的抵抗力不强，常用消毒药可将其杀死。

（一）诊断要点

1.流行特点 不同年龄、品种和性别的猪都有易感性，但以3月龄幼猪最易感。病猪和带菌猪是本病的传染源，病菌主要存在于呼吸道黏膜，通过飞沫或直接接触而传播，公猪在本病的传播中起着重要作用。猪场或猪群之间的传播多由引入带菌猪或慢性感染的病猪所致。本病的发病率和病死率差异很大，发病率在8%～100%，病死率在0.4%～100%。一年四季均可发生，饲养环境突然改变，密集饲养，通风不良，气候的突变及长途运输等因素都可引起本病的发生。

2.症状 人工接种感染的潜伏期为1～7天。根据病程可分为以下几种类型。

（1）最急性型：突然发病，体温升至41.5℃以上，精神沉郁，食欲废绝，腹泻，继而呼吸高度困难，常呈犬坐姿势，张口伸舌，鼻流出血色带泡沫的分泌物，口、鼻、耳及四肢皮肤呈暗紫色，常于24～48小时内窒息死亡。个别猪不见明显症状即死亡。病死率高达80%～100%。

（2）急性型：同舍或不同舍的许多猪发病，体温40.5～41℃，不食，咳嗽，呼吸困难，心跳加快，受饲养管理条件和气候影响，病程长短不定，可转为亚急性或慢性。

（3）亚急性或慢性型：多由上述两型转来，体温不高，全身症状不明显，只见间歇性咳嗽，生长迟缓。有的呈隐性感染存在于猪群，可因在运输后抵抗力降低而发展为急性病例。

3.病变 不同类型有不同病变，具体如下。

（1）最急性型：气管和支气管充满泡沫样血色黏液性分泌物。肺炎病变多发于肺的前下部，肺泡与间质水肿，肺充血、出血，而在肺的后上部，常出现周界清晰的出血性坏死区。

（2）急性型：多数见两侧性肺炎病变。常发于尖叶、心叶和膈叶的一部分，病灶区呈紫红色，切面似肝组织，肺间质内充满血色胶样液体。病程达1天以上者，肺炎区出现纤维素性附着物附着于表面，并有黄色渗出物渗出。

（3）亚急性或慢性型：肺炎的病灶硬结，或为坏死性病灶，病程较长者，常与胸膜粘连。

（二）鉴别诊断

应与猪肺疫、猪气喘病相区别。参见猪肺疫的鉴别诊断。

（三）防治措施

1.预防 应采取综合措施，加强饲养管理，搞好猪舍的日常环境卫生，减少各种应激因素。防止引入慢性隐性猪和带菌猪，引入新猪需进行隔离并进行血清学检查，阴性猪方可混群饲养。国外已有商品化的弱毒苗供预防注射。

2.隔离防治 本病一旦传入健康猪群，则难以清除。急性病猪应立即隔离治疗，慢性病猪及时淘汰，猪圈进行彻底消毒。由于不同血清型菌株之间交互免疫性不强，种猪场可以从当地分离到的菌株，制备自家菌苗对母猪进行免疫，通过母源抗体使子猪得到保护。

3.治疗 发现病猪应早期及时治疗。用青霉素、土霉素、氟苯尼考和磺胺甲基异唑等注射，能降低死亡率，但经治疗的猪常持续带菌。当出现耐药菌株时，要及时更换药物或联合用药。

猪衣原体病

关键技术

诊断：怀孕母猪流产，初产母猪发病率高。子宫内膜水肿、出血，有大的坏死灶。流产的胎儿皮下胶冻样水肿，头部和四肢出血。公猪睾丸炎。子猪感染后，表现为发烧、肺炎、胸膜炎和关节炎。

防治：防治的关键是对流产的胎儿及污染物焚烧、深埋，同群猪用药物预防或用衣原体灭活苗做预防接种。治疗时四环素为首选药物。

衣原体病，又称热鹦鹉或鸟疫，是由鹦鹉热衣原体引起的一种人畜共患的传染病。通常表现为隐性感染或潜在性经过，在不良的外界环境因素影响下，可表现临诊症状，猪以流产、肺炎、结膜炎、关节炎、肠炎等为特征。近年来，本病在世界各地有逐年增加的趋势，对人类的影响严重。

本病病原是鹦鹉热衣原体。本病原在自然界分布极广泛，但对外界环境的抵抗力不强，对热和常用消毒药较敏感，猪衣原体对四环素族抗生素、红霉素、氟苯尼考及螺旋霉素敏感，但对庆大霉素、卡那霉素、链霉素、新霉素及磺胺类药物均不敏感。

（一）诊断要点

1.流行特点 不同品种和年龄的猪都可感染，但以妊娠母猪和幼龄子猪最易感。传播途径主要是消化道和呼吸道，也可经交配感染。

本病一般呈地方流行性发生。多表现持续的潜伏性感染，在饲养密度高的集约化猪场感染率很高。

2.症状 大多数猪感染后表现为隐性经过。少数猪感染后，经过3～5天的潜伏期，可出现症状。

怀孕母猪可发生流产、产死胎或弱胎，初产母猪发病率可高达40%～90%，流产多发生于正产期的前几周，流产前母猪无任何先兆，体温正常。产出的活子体弱，多数在生后数小时至1～2日死亡。公猪感染后可表现为睾丸炎、附睾炎、尿道炎、龟头包皮炎，有的发生慢性肺炎。

子猪感染后，特别是2～4月龄的子猪可表现为食欲不振，体温升高至39～41℃，可出现肺炎或关节炎。听诊发现有胸膜炎和心包炎的摩擦音。关节炎，为一个或多个关节受损害，关节肿大，表现出明显的跛行。还可引起结膜炎、肠炎等，有的还可出现神经症状。

3.病变 母猪子宫内膜充血、出血、水肿，并伴有1～1.5厘米的坏死灶。流产死胎及产后死亡的新生子猪的头、颈、肩胛部及会阴部皮下组织水肿，胸部皮下有胶样浸润，头顶和四肢呈弥漫性出血，肺常有卡他性炎症。患病公猪的睾丸变硬，腹股沟淋巴结肿大，输精管有出血性炎症，尿道上皮脱落、坏死。

肺炎型子猪，可见肺水肿，表面有大量的小出血点和出血斑，尖叶和心叶呈灰色，病灶呈不规则形凸起，质地硬实并连成片，往往扩散到肺组织深部，病健肺组织有明显的界限。

（二）鉴别诊断

猪衣原体病的临诊症状不明显，所引起的肺炎、多发性关节炎、肠炎、怀孕后期的流产、公猪睾丸炎等症状较为复杂，和猪瘟、猪布氏杆菌病及其他一些有流产或肠炎症状的疾病有类同之处，应注意区别。

（三）防治措施

1.预防 引进猪只时必须严格检疫，平时定期对猪舍进行预防性消毒，避免猪群与其他动物，尤其是衣原体阳性的动物群接触，驱除和消灭猪场内的鼠类和野鸟。

2.隔离防治 对流产胎儿、胎衣、排泄物、污染的垫草等应深埋或焚烧。严格隔离病猪，及时治疗，对污染的猪舍、产房彻底消毒，对同群猪进行药物预防，或用衣原体灭活苗进行预防注射。接触病猪及其排泄物的人员应注意自身防护。

3.治疗 四环素为治疗首选药物，按0.04%的比例混于饲料中，连续给药21天。也可用土霉素、金霉素、氟苯尼考、红霉素、螺旋霉素等。长效土霉素针剂可用于治疗个别的感染猪。

公母猪在配种前1～2周及母猪在产前2～3周随饲料给予四环素类制剂，按0.02%～0.04%的比例混于饲料中，连用1～2周。也可注射缓释型制剂，可提高受胎率，增加活子数及降低新生子猪的病死率。

四、猪的寄生虫病

猪蛔虫病

关键技术

诊断：本病诊断的关键是病猪消瘦、贫血、异嗜癖，肠道有大量成团的白色蛔虫，有时虫体会堵塞胆管，病猪腹痛拉稀。

防治：本病防治的关键是每年春秋两季各进行1次预防性驱虫。药物可用敌百虫、左旋咪唑、丙硫苯咪唑、驱蛔灵等。

猪蛔虫病是由猪蛔虫寄生于猪的小肠所引起的一种常见多发寄生虫病。本病的病原是猪蛔虫，是一种大型线虫，虫体淡黄色，死后呈苍白色，圆柱形，中间较粗，两端较细，体表光滑有横纹。

（一）诊断要点

1.流行特点　猪蛔虫病流行极为广泛，主要原因是病原生活史简单（只需1个宿主），繁殖能力强（1条雌虫平均每天能产卵10万～20万个），虫卵对不良环境及普通化学消毒剂具有强大的抵抗力。蛔虫病猪的猪舍及其粪便是本病的最主要传染源。母猪的产房及母猪的乳头不洁，常常造成哺乳子猪的感染。

2.症状 一般以3～6个月龄的猪感染严重。感染早期有轻微湿咳，体温升高到40℃左右。感染较严重时，出现精神沉郁，呼吸与心跳加快，食欲不正常，异嗜，消瘦，贫血，被毛粗乱，生长发育受阻，甚至停滞变为僵猪。感染严重时，表现呼吸困难、咳嗽、呕吐、流涎、拉稀，多喜卧，可能经1～2周好转，或逐渐虚弱，趋于死亡。成虫在肠道大量寄生成团时常发生肠梗阻，表现腹痛，有的可能肠破裂而死亡。如蛔虫阻塞胆管，病猪先出现拉稀，体温升高，拒食，以后体温下降，卧地不起，腹部剧痛，四肢乱蹬，经6～8天死亡。

3.病变 幼虫移行期多呈肺炎病变，肺组织致密，表面有大量出血点或暗红色斑点，在肺内可见有大量幼虫；肝表面有大小不等的白色斑纹。小肠内有大量成虫寄生时，可见肠黏膜卡他性炎症，出血或溃疡；肠破裂时可见腹膜炎症和腹腔积血，有时可在胃、胆管、胰管内查有虫体。

（二）防治措施

1.预防 加强子猪饲养管理，搞好环境卫生，及时清除粪便，防止子猪感染。在蛔虫病流行的猪场，每年春秋两季各进行1次全面驱虫；断奶至6个月龄的子猪，应驱虫3～4次；孕猪在产前3个月驱虫。从外地引进的猪只，应先隔离饲养，最好进行1～2次驱虫后再并群饲养，以防止病原的传入。猪的粪便和垫草清除出圈后，要运到距猪舍较远的场所堆积发酵或掺入漂白粉，以杀死虫卵。

2.治疗 常用的有效驱虫药物有：

（1）敌百虫：100毫克／千克体重，总量不超过10克，配成水溶液一次灌服或均匀拌入饲料喂服，对成虫有效。必要时隔2周再重复给药1次。

（2）左旋咪唑：8毫克／千克体重，混料或饮水。对成虫和幼虫均有效。

（3）丙硫苯咪唑：5～20毫克／千克体重，混料喂服，对成虫和幼虫均有效。

（4）伊维菌素：0.3毫克／千克体重，皮下注射或口服。

（5）枸橼酸哌嗪（驱蛔灵）：0.2～0.3克／千克体重，溶解后混料，自由采食，对成虫效果好。

子猪类圆线虫病

关键技术

诊断：本病诊断的关键是子猪易感皮肤湿疹，咳嗽，肺炎和胸膜炎，肠黏膜出血溃疡，消瘦，贫血。

防治：本病防治的关键是保持猪舍卫生，驱虫药可用敌百虫、左旋咪唑、丙硫苯咪唑、噻苯咪唑、驱蛔灵等。

子猪类圆线虫病又称子猪杆虫病，是由杆形科的蓝氏类圆线虫寄生于子猪小肠引起的寄生虫病。是1~3月龄子猪在温暖多雨季节常发的疾病。引起子猪小肠黏膜糜烂、溃疡，并出现腹泻，造成生长发育不良，甚至死亡。在我国流行较为普遍。

本病的病原是寄生于子猪消化道的类圆线虫，虫体细小呈毛发状，乳白色，长3.1~4.6毫米，虫卵无色透明，壳薄，椭圆形，大小（42~53）微米×（24~32）微米，内含幼虫。

（一）诊断要点

1.流行特点 本病主要危害子猪，生后即可引起感染，1月龄左右感染最严重，二三月龄后逐渐减少。主要经口或皮肤感染，子猪可从母乳中获得感染。多发生于温暖多雨季节，特别是猪舍潮湿、卫生不良时，流行普遍。

2.症状及病变 当幼虫经皮肤感染时，可引起子猪皮肤湿诊。当虫体移行至肺时，可引起支气管肺炎和胸膜炎，子猪表现咳嗽，体温升高，呼吸困难。当大量虫体在肠内寄生时，肠黏膜充血、出血和溃疡，子猪表现食欲减退、消化不良、消瘦、贫血、腹泻等症状，最后可因极度衰竭而死亡，3~4周龄的子猪死亡率可达50%。

用饱和盐水浮集法检查新鲜粪便中的虫卵，也可用粪便水洗沉淀法检查已放置5~15小时的粪便，可发现幼虫。

（二）防治措施

1.预防 保持猪舍及运动场的清洁卫生，经常消毒，保持干燥。对怀孕和哺乳母猪及子猪加强饲养管理，定期检查怀孕母猪和子猪，及时治疗病猪，病猪与健康猪分开饲养。

2.治疗 常用药物有：

（1）左旋咪唑和伊维菌素：剂量和用法参照蛔虫病。

（2）噻苯咪唑：50毫克/千克体重，拌料喂服，按饲料量的0.01%，连用14天对严重感染的子猪有良好效果。

猪肺线虫病

关键技术

诊断： 本病的关键是病猪咳嗽，早、晚加重，消瘦，贫血，脓性鼻汁，肺尖叶和膈叶边缘发生气肿，呈灰白色，肌肉样硬变，切开后支气管流出白色丝状虫体。

防治： 防治的关键是及时处理猪舍的粪便，防止蚯蚓进入猪场，猪场每年春秋两季进行定期驱虫，药物可选用敌百虫、左旋咪唑、丙硫苯咪唑、驱蛔灵、伊维菌素等。

猪肺线虫病又称猪后圆线虫病，是由后圆科后圆属的线虫寄生于猪的支气管和细支气管引起的寄生虫病。本病遍及全国各地，呈地方流行性。主要危害子猪，引起支气管炎和肺炎，导致子猪生长发育受阻，严重时造成子猪大批死亡，给养猪业带来一定的损失。

本病的病原是长刺后圆线虫和短阴后圆线虫，萨氏后圆线虫较少见。

（一）诊断要点

1.流行特点 蚯蚓的滋生繁殖和猪采食蚯蚓的机会与本病的发生密切相关。虫卵和幼虫对外界环境具有很强的抵抗力，虫卵在粪便中可生存6～8个月，越冬能生存5个月之久，在蚯蚓体内的感染性幼虫能生存半年或更长。因此被虫卵污染和有蚯蚓的牧场、运动场、水源等都是猪受感染的来源。在温暖多雨季节，尤其土壤肥沃、粪堆污秽不堪的地方，适于蚯蚓滋生和频繁活动，因而本病多发。

后圆线虫的感染寄生，易使猪并发猪肺疫，对气喘病的危害有增强作用，幼虫可保存和传播流感和猪瘟病毒。

2.症状 少量寄生时常无明显症状。瘦弱子猪感染虫体较多时，症状严重，死亡率较高，病猪表现消瘦、贫血、发育不良，阵发性咳嗽，特别是在早晚、运动或遇冷空气刺激时更为剧烈，被毛干燥无光泽，食欲减退或废绝，鼻流脓性黏稠分泌物，呼吸困难，最后衰竭而死。病程长者成为僵猪，有的猪发生呕吐、腹泻，在胸下、四肢和眼睑部出现浮肿。

3.病变 主要变化在肺脏。肺尖叶和隔叶腹面边缘常见有局限性肺气肿，呈灰白色，界限明显，微突起，肌肉样硬变的病灶，切开后从支气管流出黏稠分泌物及白色丝状虫体。

（二）防治措施

1.预防 猪场应建于高处，铺水泥地面，注意排水，保持干燥，防止蚯蚓进入猪舍和运动场，避免粪便堆积，应及时清除并发酵处理，猪舍和运动场应定期消毒（1%火碱水或30%草木灰液），流行地区的猪群，每年春秋两季应进行定期驱虫。

2.治疗 可应用左旋咪唑、丙硫苯咪唑、伊维菌素等药物，剂量和用法参照蛔虫病。

猪肾虫病

关键技术

诊断：本病诊断的关键是病猪表现皮肤丘疹和红色小结节，尿中有白色混浊物或脓液，肝表面有白色的弯曲虫道，切开可发现幼虫，肝内有包囊和脓肿，肝肿大变硬，切面有虫体钙化的结节。肾盂或肾周围脂肪有包囊或脓肿，输尿管壁增厚，有大量包囊。

防治：本病防治的关键是常发地区每年进行两次预防性驱虫。药物可选用左旋咪唑、丙硫苯咪唑、驱蛔灵、伊维菌素等。

肾虫病又称猪冠尾线虫病，是由冠尾科的有齿冠尾线虫寄生于猪的肾盂、肾周围脂肪和输尿管周围的结缔组织包囊内引起的寄生虫病。

本病的病原是有齿冠尾线虫，虫体粗大，形似火柴杆，新鲜时呈灰褐色，体壁较透明。雄虫长20～30毫米，雌虫长30～45毫米。虫卵呈长椭圆形，灰白色，两端钝圆，卵壳薄。

（一）诊断要点

1.流行特点 感染性幼虫多分布于猪舍的墙根和猪排尿的地方，其次是运动场的潮湿处，猪只往往在墙根处掘土而经口吞食幼虫，或在墙脚下潮湿处躺卧，幼虫钻入皮肤而感染。

一般多发生于温暖多雨季节，猪舍设备简陋，饲养管理粗放，密度过高的猪场流行严重。

2.症状 病初出现皮肤炎症，有丘疹和红色小结节，体表淋巴结肿大。表现精神沉郁、食欲减退、贫血、消瘦、被毛粗乱、行动迟钝。随着病情的发展，出现后肢无力，走路时后躯摇摆，喜躺卧，尿液中带有白色黏稠的絮状物或脓液。有时可继发后躯麻痹或后肢僵硬，不能站立，拖地爬行，食欲废绝。子猪发育停滞，母猪不孕或流产，公猪性欲减退或失去配种能力，严重者多因衰竭而死亡。

3.病变 尸体消瘦，皮肤上有丘疹或小结节，局部淋巴结肿大。肝表面可见白色的弯曲虫道，切开有时发现幼虫，肝内有包囊和脓肿，内含幼虫，肝肿大变硬，结缔组织增生，切面有虫体钙化的结节，肝门静脉有含幼虫的血栓。肾盂或肾周围脂肪有包囊或脓肿，内含成虫，输尿管壁增厚，有多量包囊，内含成虫。有时膀胱黏膜充血，外周也形成包囊。

（二）防治措施

1.预防 猪舍的修建应选择干燥及阳光充足的位置，要便于排水和排尿，调教猪只在固定地点大小便；经常注意清除猪圈内、运动场地面的粪便和积水，定期用1%漂白粉、1%火碱或10%新鲜石灰乳进行消毒。

在本病流行地区，必须经常观察猪群健康状况，每月坚持尿检一次，发现病猪或带虫猪，立即隔离，及时治疗。对全场猪每年进行两次预防性驱虫，子猪断奶后进行驱虫。

2.治疗 在查明病情的基础上，早期有计划地每月驱虫1次，可随时杀死其移行中的幼虫。常用驱虫药物有左旋咪唑、丙硫苯咪唑、伊维菌素等，剂量和用法参照猪蛔虫病。

猪鞭虫病

关键技术

诊断：本病诊断的关键是病猪消瘦，贫血，腹泻，粪便带有黏液和血液，盲肠和结肠黏膜水肿坏死出血，溃疡并形成肉芽肿结节，大肠内可见到虫体。

防治：本病防治的关键请参阅猪蛔虫病。

猪鞭虫病又称猪毛首线虫病，是由毛首科的猪毛首线虫寄生于猪盲肠、结肠黏膜引起的寄生虫病。本病分布广泛，遍及全国各地。主要危害子猪，引起肠炎、贫血，严重者引起大批死亡，给养猪业造成较大损失。

本病的病原是猪毛首线虫，寄生于猪的大肠主要是盲肠。虫体呈乳白色，前部细长呈毛发状。整个虫体外形像鞭子，故又称鞭虫。雄虫长20～52毫米，雌虫长39～53毫米。虫卵呈腰鼓状，内含未发育的卵细胞。

（一）诊断要点

1.流行特点　一般2～6月龄小猪易感染，4～6月龄感染率最高，可达85%，以后逐渐下降。多发生于放牧的或与草地、土壤有接触机会的猪。常与其他蠕虫，特别是猪蛔虫混合感染。一年四季均可感染，以夏季感染率最高。

2.症状　轻度感染无明显症状。严重感染时，病情表现食欲减退，贫血，消瘦和腹泻，粪便带有黏液和血液，生长缓慢，甚至死亡。

3.病变　剖检可见大肠黏膜坏死、水肿和出血，盲肠和结肠溃疡，并形成肉芽肿样结节。大肠内可见虫体。

（二）防治措施

可参照猪蛔虫病的预防和治疗措施。

猪旋毛虫病

关键技术

诊断：本病诊断的关键是病猪发烧，腹痛，呕吐，腹泻，声音嘶哑，后肢麻痹，肌肉发痒、疼痛，眼睑和四肢水肿，胃肠道黏膜肿胀、出血，采取猪膈肌角肉样，压片镜检，可发现包囊或幼虫。

防治：本病防治的关键是禁止用未经处理的碎肉、残肉汤水喂猪，防鼠灭鼠。治疗可用丙硫苯咪唑有较好疗效。

旋毛虫病是由毛形科的旋毛形线虫成虫寄生于小肠、幼虫寄生于横纹肌引起的一种严重人畜共患寄生虫病。人、猪、犬、猫、鼠类等都可感染，人一旦感染可引起严重病状甚至死亡。我国各地均发现动物感染，猪的感染比较普遍。

本病的病原是旋毛虫成虫，寄生于宿主的小肠，虫体细小呈白色，前细后粗。雄虫长1.4～1.6毫米，雌虫长3～4毫米。幼虫寄生于同一宿主的肌肉，约长1.15毫米，在肌纤维膜内形成包囊。

（一）诊断要点

1.流行特点 猪感染旋毛虫的主要途径是吞食未经煮熟的含有旋毛虫幼虫的废弃碎肉渣及副产品或洗肉泔水，其次是吃到鼠尸、昆虫和别的动物粪中的包囊而感染。人则由于食入未煮熟的带有旋毛虫包囊的猪肉、狗肉、羊肉及野生动物肉等而感染。

2.症状 少量感染时无症状。严重感染时，通常在3～5天后体温升高，腹泻，腹痛，有时呕吐，食欲减退，后肢麻痹，声音嘶哑，有的眼睑和四肢水肿，肌肉发痒、疼痛，但死亡很少，多于4～6周后症状消失。

3.病变 成虫在胃、肠道引起急性卡他性炎症，可见黏膜肿胀、充血、出血。幼虫寄生部位可见肌纤维肿胀变粗，肌细胞横纹消失，萎缩。

（二）防治措施

1.预防 加强卫生宣传教育，普及预防旋毛虫病知识。禁止用未经处理的厨房的碎肉垃圾、残肉汤水喂猪，做好猪舍的防鼠灭鼠工作，改变放养猪的习惯，保持圈舍清洁。加强屠宰场及集市肉品的兽医卫生检查，不吃生的或半生不熟的肉食，以免人体感染旋毛虫病。

2.治疗 猪旋毛虫病的治疗，可用丙硫苯咪唑，按0.03%比例加入饲料充分混匀，连喂10天，能达到良好的杀虫效果。

猪囊虫病

关键技术

诊断：本病诊断的关键是舌肌、咬肌、膈肌、肩腰部肌肉上有黄豆大、半透明的囊泡。严重时，全身肌肉以及心、脑、肝、肺，甚至脂肪内也能发现。

防治：本病防治的关键是防止猪吃人粪便。治疗时可用吡喹酮、丙硫苯咪唑，早晨空腹给药。

猪囊虫病又称猪囊尾蚴病、米猪肉病，是由带科有钩绦虫（猪带绦虫）的幼虫猪囊尾蚴寄生于人、猪体各部横纹肌及心脏、脑、眼等器官引起的危害十分严重的人畜共患寄生虫病。

农村的连茅圈让猪吃到有钩绦虫病人粪便中的孕节或虫卵。人感染绦虫病是由于吃了生的带有活的囊尾蚴的猪肉（米猪肉）。以本病的病原是猪囊尾蚴（幼虫），呈椭圆形，黄豆大，为半透明的囊泡，囊内充满液体，囊壁为薄膜状，囊壁上有一个小高粱米粒大乳白色小结，其内有一个内翻的头节。多寄生于猪的肌肉内，以舌肌、咬肌、膈肌、肩腰部肌肉多见，严重感染时，全身肌肉以及心、脑、肝、肺，甚至脂肪内也能发现。有囊虫寄生的猪肉称为“米猪肉”。

人因食入未煮熟的囊虫病猪肉或误食黏附在生冷食品及食具上的猪囊尾蚴而感染，经2个月左右在小肠内发育为成熟的有钩绦虫。有钩绦虫（成虫）呈背腹扁平的带状，长2～5米，有的长达8米。

（一）诊断要点

1.流行特点 由于猪囊虫病的感染来源是有钩绦虫病人，而人有钩绦虫病的感染来源是猪囊虫病猪，所以两种病有着紧密的联系。猪感染囊虫病的原因是由于猪只的散放，连茅圈和人的粪便管理不严，使猪吃到有钩绦虫病人粪便中的孕节或虫卵。人感染有钩绦虫病的原因则是由于吃了生的或是半生不熟的带有活的囊尾蚴的猪肉。

本病多为散发性，有些地区呈地方流行性。感染无明显的季节性。

2.症状 一般感染无明显症状。极严重感染的猪可能表现营养不良，生长迟缓，贫血，肌肉水肿，由于不同部位的肌肉水肿，可出现两肩显著外张，或臀部异常肥胖宽阔，或头部呈大胖脸型，或前胸、后躯及四肢异常肥大，体中部窄细，整个猪体从背面看呈哑铃状或葫芦形，前面看呈狮子头形。病猪走路前肢僵硬，后肢不灵活，左右摇摆，似“醉酒状”，不爱活动，反应迟钝，喜卧。某个器官严重感染时可能出现相应的症状，如囊虫寄生在膈肌、肋间肌、心肺及口腔部肌肉时，可出现呼吸困难，声音嘶哑和吞咽困难；寄生在眼部时，视力减退，甚至失明；如果寄生在大脑时，可表现癫痫症状，有时会发生急性脑炎而突然死亡。

3.病变 严重感染的肌肉苍白水肿，切面外翻，凸凹不平，在各部位肌肉可发现囊尾蚴，也可在脑、眼、肝、肺等部位，甚至淋巴结和脂肪内发现囊尾蚴。

（二）防治措施

1.预防 在流行地区，大力宣传防治知识，开展驱除体绦虫、消灭猪囊尾蚴的防治工作，抓好“查、驱、检、管”四个环节。即积极普查有钩绦虫病患者。发现绦虫病患者，及时治疗驱虫；搞好城乡肉品卫生检验工作，严格按国家有关规程处理有病猪肉；管好厕所，管好猪，防止猪吃病人粪便，做到人有厕所，猪有圈，不使用连茅圈。

2.治疗 治疗人体绦虫对防治猪囊尾蚴病的传播有着重要的意义，人体如果没有绦虫，猪就不会感染囊尾蚴病。

驱除人体有钩绦虫的药物和用法。槟榔、南瓜子仁合剂：（成人剂量）南瓜子仁粉200克，槟榔50～100克，硫酸镁30克。将槟榔切片，用400～500毫升水浸泡数小时，再煎至200～250毫升。早晨空腹时，先将南瓜子仁吃下，半小时后再服槟榔煎剂，再隔2小时吃泻剂（30克硫酸镁溶于200毫升水内）。灭绦灵（氯硝柳胺）：用量3克，早晨空腹1次口服（药片应嚼碎咽下，吞则无效）。两小时后服硫酸镁导泻。

治疗猪囊尾蚴药物及用法。吡喹酮：30～60毫克／千克体重，每天一次口服，用药3次，每次间隔24～48小时。丙硫咪唑：30毫克／千克体重，每天1次，用药3次，每次间隔24～48小时，早晨空腹服药。

细颈囊尾蚴病

关键技术

诊断：本病诊断的关键是子猪发烧，腹部膨大、腹水和腹内出血，突然大叫后死亡。肝脏肿大，表面有很多小结节和出血点。肝内有虫道，内部充满血液或变成灰黄色。

防治：本病防治的关键是防止犬、猪交叉感染，治疗时用吡喹酮与液体石蜡混合，深部肌肉注射。

细颈囊尾蚴病是由带科的泡状带绦虫的幼虫细颈囊尾蚴寄生于猪、牛、羊等的肝脏、浆膜、网膜及肠系膜等而引起的寄生虫病。

本病的病原是泡状带绦虫（成虫），虫体白色或微黄，扁带状，长1.5～2.0米，有的长达5米。虫卵近似圆形。细颈囊尾蚴（幼虫）呈囊泡状，俗称“水铃铛”，自豌豆大至小孩头大，乳白色，内含无色透明液体，囊壁上有个不透明的乳白色结节（即向内生长而具有细长颈部的头节）。

（一）诊断要点

1.流行特点 本病的分布很广，其发生和流行直接与养犬有关，凡是养犬的地方，都会有猪、牛、羊感染细颈囊尾蚴，其中以猪最普遍，尤其对子猪的致病力较强。一方面，屠宰人员经常随手把猪、牛、羊等的脏器（可能含有细颈囊尾蚴）喂狗，使狗很容易感染泡状带绦虫；另一方面，对狗管理不严，任其到处活动，促使孕节及虫卵污染牧场、饲料和饮水，从而造成本病的感染和流行。

本病流行广泛，大、小猪都可感染，主要影响中、小猪的生长发育和增重，严重感染时，可引起子猪死亡。

2.症状 大猪一般无明显症状。感染早期，子猪可表现体温升高，腹部因腹水或腹腔内出血而膨大，于急性期突然大叫后死亡。耐过猪生长发育受阻，多数表现虚弱、消瘦和出现黄疸。

3.病变　急性病例，可见肝脏肿大，肝表面有很多小结节和小出血点，实质中有虫道，初期虫道充满血液，以后逐渐变为灰黄色。有时腹腔内有大量带血色的渗出液和幼虫。慢性病例，在肠系膜、大网膜、肝被膜和肝实质中可找到虫体。

（二）防治措施

1.预防　严禁犬类进入屠宰场，禁止用含细颈囊尾蚴的脏器丢弃喂犬，防止犬进入猪舍，避免饲料、饮水被犬粪污染，对犬定期驱虫。

2.治疗　吡喹酮，50毫克／千克体重，与液体石蜡按1∶6比例混合研磨均匀，分2次间隔1天深部肌肉注射。

猪包虫病

关键技术

诊断：本病诊断的关键是病猪肝区、腹部有疼痛表现，患猪有不安痛苦的呜叫声。肝、肺表面凸凹不平，可以找到棘球蚴囊泡。有时也可见到已钙化的棘球蚴或化脓灶。

防治：本病防治的关键是禁止狗、猫进入猪圈舍和到处活动，管好狗、猫粪便，防止污染牧草、饲料和饮水。治疗时可用吡喹酮、丙硫咪唑等药物，但应多次治疗。

猪包虫病又称猪棘球蚴病，是由带科的细粒棘球绦虫的幼虫棘球蚴寄生于猪、牛、羊和人的肝、肺等器官中引起的一种人畜共患寄生虫病。

本病的病原是细粒棘球绦虫，是一种很小的绦虫，体长2～6毫米。虫卵近圆形。棘球蚴呈囊状，一般近似圆形，大小不一，小至豆粒大至人头，囊内含有无色或微黄色的透明液体。

（一）诊断要点

1.流行特点　本病分布广泛，通常取慢性经过，可严重影响患畜的生长发育，甚至造成死亡，对人畜的危害很大。

猪感染棘球蚴病主要是吞食狗和猫粪便中的细粒棘球绦虫卵而引起

的。人们有时用寄生有棘球蚴的牛、羊、猪的肝、肺等组织器官喂狗、猫或处理不当被狗、猫食入而感染细粒棘球绦虫，反过来寄生有细粒棘球绦虫的狗、猫，到处活动而把虫卵散布到各处，特别是在猪的圈舍内养狗和猫，大大增加了虫卵污染环境、饲料、饮水及牧场的机会，加之有的猪放牧或散放，自然也就增加了猪与虫卵接触和食入虫卵的机会而感染棘球蚴病。

2.症状 猪在临床上常无明显的症状，有时在肝区及腹部有疼痛表现，患猪有不安痛苦的叫声。

3.病变 猪主要见于肝，其次见于肺，肝、肺表面凸凹不平，可找到棘球蚴，囊泡周围的实质萎缩。有时也可见到已钙化的棘球蚴或化脓灶。

（二）防治措施

1.预防 禁止狗、猫进入猪圈舍和到处活动，管好狗、猫粪便，防止污染牧草、饲料和饮水。严格执行屠宰猪的兽医卫生检验及屠宰场的卫生管理，发现棘球蚴病猪，应销毁，严禁喂狗、猫。对狗、猫要定期驱虫，每年至少4次，可用吡喹酮（5~10毫克/千克体重，一次口服）、氢溴酸槟榔碱（狗1.5~2毫克/千克体重，猫2.5~4毫克/千克体重，饥饿12小时后给予）。驱虫后要收集狗、猫粪便，彻底销毁。

2.治疗 对棘球蚴病猪可试用吡喹酮、丙硫咪唑等药物，但应多次治疗。

猪绦虫病

关键技术

诊断：本病诊断的关键是幼龄猪消瘦、不长，肠黏膜出血、水肿，可在小肠发现虫体。

防治：本病防治的关键是猪粪及时清除。治疗时可选用吡喹酮、硫双二氯酚等。

猪绦虫病是由膜壳科的克氏伪裸头绦虫寄生于猪小肠内引起的食欲不振、发育不良的寄生虫病。

本病的病原是克氏伪裸头绦虫，寄生于猪的小肠内，虫体呈乳白色，扁平带状，全长1～1.5米。虫卵为棕色、圆形。

（一）诊断要点

1.流行特点 本病在我国分布很广，对幼猪危害较大。人也可感染发病。小猪喜食这种食粪甲虫，增加了对猪的感染机会。本病主要感染幼龄猪。

2.症状 病猪表现食欲不振，被毛粗乱无光泽，消瘦，生长发育不良。

3.病变 剖检可见肠黏膜出血、水肿，呈卡他性炎症，可在小肠发现虫体。

（二）防治措施

1.预防 猪粪及时清除，并堆积发酵后再作肥料，保管好饲料，防止生虫。

2.治疗 选用吡喹酮（50毫克／千克体重）、硫双二氯酚（80～100毫克／千克体重）等药物，一次口服，有良好驱虫效果。

猪棘头虫病

关键技术

诊断：本病诊断的关键是病猪腹痛、下痢、粪便带血、消瘦、贫血。空肠和回肠的浆膜上有灰黄色或暗红色的、向浆膜外突出的小结节。肠壁厚、有溃疡灶或有假膜。肠壁可见吸附着的虫体。

防治：本病防治的关键是防止猪吃到甲虫的幼虫、蛹和成虫，在流行地区要每年春秋季节定期驱虫。左旋咪唑、丙硫咪唑、敌百虫、吡喹酮等，有一定疗效。

猪棘头虫病由少棘科的蛭形巨吻棘头虫寄生于猪的小肠（主要是空肠）引起局部出血性炎症的寄生虫病。本病为世界性分布，我国各地普遍流行，对养猪业危害很大。人也可感染本病。

本病的病原是蛭形巨吻棘头虫，虫体较大，乳白色或淡红色，呈长圆柱形，前部较粗，后部较细，体表有明显的横纹，雄虫长5～15厘米，常弯曲呈弧形，雌虫长20～68厘米。虫卵椭圆形，暗棕色。

（一）诊断要点

1.流行特点 本病常呈地方流行性。1～2岁猪感染率最高，严重流行地区的感染率可达60%～80%，一般在春夏季感染。甲虫幼虫多存在于12～15厘米深的泥土中，因子猪拱土能力差，感染率低，后备猪则感染率高，放牧猪比舍饲猪感染率高。

2.症状 严重感染时，尤以10月龄以上猪受害严重，可表现食欲减退，腹痛（刨地，相互对咬），下痢，粪便带血，经1～2个月后，病猪日渐消瘦，贫血和发育不良。若寄生部位的肠壁发生溃疡或穿孔引起腹膜炎，则症状加剧，可见体温升高，腹壁紧张，疼痛，食欲废绝，多以死亡而告终。

3.病变 剖检可见空肠和回肠的浆膜上有灰黄色或暗红色的、向浆膜外突出的小结节，黏膜面有出血性纤维素性炎症。肠壁增厚，有溃疡灶或盖有假膜肠壁可见吸附着的虫体。肠穿孔时，发生肠粘连与腹膜炎。

（二）防治措施

1.预防 流行地区的猪，改放养为圈养，尤在6～7月份甲虫活动的季节，不宜放养。建造水泥地面的运动场，对猪场灯光照明应加以改进或是在清晨将圈舍清扫干净，防止猪吃到甲虫的幼虫、蛹和成虫而感染。及时治疗病猪，在流行地区要每年春秋季节定期驱虫。

2.治疗 目前尚无特效药物。可试用下列药物进行治疗：左旋咪唑、丙硫咪唑、敌百虫、吡喹酮等。

肝片吸虫病

关键技术

诊断：本病诊断的关键是腹泻、消瘦、轻度黄疸、贫血等，肝表面有渗出物。切开压时内有土红色混浊黏液流出，黏液中可见虫体。胆囊肿大，胆汁浓稠，胆囊内也可见许多虫体和虫卵，有时可见肝硬化或脂肪变性。

防治：本病防治的关键是禁止用未煮熟的鱼虾、鱼头、内脏、鱼骨头等喂猪。药物可选用吡喹酮、丙硫咪唑、六氯对二甲苯（血防846）等。

肝片吸虫病又称华枝睾吸虫病，是由后睾科枝睾属的中华枝睾吸虫寄生于猪、犬、猫、人等肝、胆管及胆囊内引起肝脏肿大，并导致其他肝病变的人畜共患的寄生虫病。本病在我国流行很广。

本病的病原是华枝睾吸虫，虫体背腹平呈柳叶形，半透明，前端稍尖，后端稍钝圆，体表光滑，大小为（10~25）毫米×（3~5）毫米。虫卵黄褐色，形似灯泡。

（一）诊断要点

1.流行特点　人和猪的粪便未经处理倒入河沟和池塘内，或在河沟、鱼塘边建厕所或盖猪舍，特别是犬、猫的粪便，可使螺、鱼感染，而猪的感染常因用小鱼虾作饲料而引起。

2.症状　猪感染后一般多呈慢性经过。虫体大量寄生时，病猪表现食欲减少、腹泻、消瘦、轻度黄疸、贫血等，严重感染者病程较长时可并发其他疾病而死亡。

3.病变　剖检病变主要在肝和胆管。肝表面结缔组织增生或有纤维素性渗出物。切开肝组织，可见小叶间胆管变粗，管壁增厚，挤压时内有土红色混浊黏液流出，黏液中可见虫体。胆囊肿大，胆汁浓稠，胆囊内也可见许多虫体和虫卵，有时可见肝硬化或脂肪变性。

（二）防治措施

1.预防　禁止在鱼塘、水池、河边建厕所和猪舍，不准用未经处理的人、猪、犬、猫等粪便喂养鱼类，严格管好狗和猫，防止到处流窜，尽力防止水源被污染。在疫区禁止用未煮熟的鱼虾、鱼头、内脏、鱼骨头等喂猪。

2.治疗　可选用吡喹酮（20~50毫克/千克体重）、丙硫咪唑（100毫克/千克体重），一次口服，或六氯对二甲苯（血防846）（200毫克/千克体重），口服，每天1次，连用7天。

姜片吸虫病

关键技术

诊断： 本病诊断的关键是消瘦、腹痛、腹泻和浮肿。肠黏膜点状出血、水肿、黏膜脱落、溃疡、肠壁变薄。大量虫体寄生时，可见肠管阻塞。

防治： 本病防治的关键是流行地区每年春秋两季定期进行预防性驱虫。药物可选用吡喹酮、硫双二氯酚（别丁）、硝硫氰胺、敌百虫等。

姜片吸虫病是由片形科片形属的布氏姜片吸虫寄生于猪、人小肠内，附着在肠黏膜上引起的人畜共患寄生虫病。对人和猪的健康有明显的损害，可引起贫血、腹痛、腹泻等症状，严重者导致死亡。

本病的病原是布氏姜片吸虫，虫体肥厚宽大，形似斜切的生姜片，新鲜虫体呈肉红色，背腹扁平，前端稍尖，后端钝圆，大小为（20～75）毫米×（8～20）毫米，厚2～3毫米。虫卵呈卵圆形，淡黄色。

（一）诊断要点

1.流行特点 人和猪是主要终末宿主，5～8月龄猪感染率最高，纯种猪比当地猪种感染率高。有的地方，常用猪场附近水塘的水生植物喂猪，由于猪粪尿直接流入塘内作肥料，姜片吸虫卵也随之大量进入水中。这样，水生植物长势茂盛，也适宜扁卷螺的大量滋生，造成虫体各时期发育的适宜环境，促使本病的流行。

2.症状 患猪表现精神沉郁，食欲减退，眼结膜苍白，低头弓背，消瘦，增重缓慢。当虫体多量寄生时，由于肠黏膜出血、溃疡和坏死，病猪可表现腹痛、腹泻和浮肿等症状。患病后期体温稍升高，最后由于虚脱或由于肠阻塞、肠套叠或肠破裂而死亡。

3.病变 寄生部位肠黏膜点状出血、水肿、黏膜脱落、溃疡、肠壁变薄。大量虫体寄生时，可见肠管阻塞。

（二）防治措施

1.预防 在流行地区，人粪、猪粪应加强管理，进行生物热发酵杀死虫卵后再作肥料，施入种植水生饲料的池塘。每年秋冬季节挖塘泥晒干积肥以杀死扁卷螺，或用化学药物灭螺，如十万分之一至五十万分之一浓度的硫酸铜或0.1%生石灰，时间最好选在5～6月份。禁止猪自由采食水生植物，一般应加热或青贮发酵杀灭囊蚴后饲用。流行地区每年春秋两季定期进行预防性驱虫。

2.治疗 病猪应及时隔离治疗。常用驱虫药物有：吡喹酮，30～50毫克／千克体重拌料，一次喂服。硫双二氯酚（别丁），100毫克／千克体重，用于50～100千克的猪；50～60毫克／千克体重，用于100～150千克以上的猪；混于少量精料中喂服，一般服后可能出现拉稀现象，1～2天后自然恢复正常。硝硫氰胺，3～6毫克／千克体重，拌料一次喂服。敌百虫，100毫克／千克体重，早晨空服混于少量精料中一次喂服，大猪每头不超过8克，隔日1次，2次为一疗程。服药后要观察1小时，注意反应。

猪球虫病

关键技术

诊断：本病诊断的关键是子猪消瘦、贫血，排出土灰色、黄色胶冻样或水样稀便，混有大量黏液和未消化饲料。小肠、空肠及回肠黏膜糜烂，常有异物覆盖，肠上皮坏死脱落。

防治：本病防治的关键是饲料中添加抗球虫药物。对母猪产房要做好消毒，以杀灭卵囊。常用抗球虫药物有：磺胺类药、氨丙啉、莫能菌素等。

猪球虫病是由球虫寄生于猪肠上皮细胞内引起肠黏膜出血性炎症、腹泻的一种寄生虫病。主要发生于子猪，尤其是新生子猪。

本病的病原是艾美耳属球虫和等孢属球虫，一般为数种球虫混合感染。

（一）诊断要点

1.流行特点 本病主要发生于子猪，成年母猪带虫是引起子猪球虫病的重要传染来源。随猪粪排出的球虫卵囊，经一定时期完成孢子发育，成为具感染性的孢子化卵囊，猪通过吃食被孢子化卵囊污染的饲料、饮水而受感染。潮湿而拥挤的猪舍饲养的猪易发生球虫病。

2.症状 发病猪多取良性经过，表现食欲不振，消瘦，贫血，排出土灰色、黄色胶冻样或水样稀便，混有大量黏液和未消化饲料，一般持续4～6天。重症可因严重脱水而死亡，耐过猪往往体况很差，被毛粗乱，生长缓慢。

3.病变 主要见于小肠、空肠及回肠黏膜糜烂，常有异物覆盖，肠的上皮坏死脱落。

（二）防治措施

1.预防 保持猪舍和运动场干燥。保持饮水和饲料卫生，在饲料中添加抗球虫药物。对母猪产房用火焰喷灯或蒸汽消毒，以杀灭卵囊。母猪在分娩前1周和产后1周喂服抗球虫药，以防新生子猪发生球虫病。

2.治疗 应及早进行。常用抗球虫药物有：磺胺类药，首量加倍，连用7～10天。氨丙啉，25毫克／千克体重拌料，连用3～5天。莫能菌素，每吨饲料中添加60～100克。

猪弓形虫病

关键技术

诊断： 本病表现了猪腹泻、咳嗽和呕吐，流鼻汁。在耳翼、鼻盘、四肢下部及腹下部出现紫红斑。孕猪发生流产或产死胎。肺有粟粒大出血点和坏死灶，肝肿大硬化，有坏死灶和出血点。全身淋巴结、心、脾、肾有坏死灶和出血点。胸、腹腔及心包积液。

防治： 本病防治的关键是灭鼠，禁止养猫。治疗可选用磺胺类药如磺胺嘧啶，配合使用TMP或DVD、磺胺甲氧吡嗪有较好疗效。

弓形虫病是由肉孢子虫科的龚地弓形虫引起的人畜共患的寄生虫病。猪感染后以临床表现发热、呼吸困难、腹泻、皮肤出现红斑、怀孕母猪可能流产或分娩虚弱小猪及死胎等症状为特征。本病分布遍及世界各地。

本病的病原是龚地弓形虫。猫科动物是弓形虫的终末宿主，多种哺乳动物（猪、犬、猫等）和人是中间宿主。弓形虫呈弓形，大小为（4~8）微米×（1.5~4）微米，一端稍尖，一端钝圆。

（一）诊断要点

1.流行特点 人、家畜、家禽及许多野生动物对弓形虫都易感。猫是弓形虫病的主要传播者和重要的传染源，在本病的流行中起着极为重要的作用。主要经口吞食含有包囊或速殖子的肉类和被感染性卵囊污染的食物、饲料、饲草、饮水等感染，或通过孕期虫血症经胎盘感染，也可经伤口和呼吸道感染。昆虫和蚯蚓也可机械性传播。不同年龄的猪均可感染发病，但以3~4个月龄的猪发病率和死亡率较高，大猪多呈隐性感染。本病多呈地方流行性或散发性，病的发生无明显的季节性。

2.症状 病初体温升高至40.5~42.0℃，稽留7~10天。精神委顿，食欲减退或废绝，粪干而带有黏液，断奶子猪多发生腹泻。呼吸困难，常呈腹式呼吸或犬坐姿势呼吸，有的猪咳嗽和发生呕吐，流水样或黏液鼻汁。随着病情的发展，在耳翼、鼻盘、四肢下部及腹下部出现紫红斑。病后期，呼吸极度困难，后躯摇晃或卧地不起，体温急剧下降而死亡。孕猪往往发生流产或产死胎。有些病猪可耐过，症状逐渐减轻，但遗留咳嗽、呼吸困难及后躯麻痹、运动障碍、斜颈、癫痫样痉挛等神经症状。有的猪耳廓末端出现干性坏死，有的猪呈视网膜炎，甚至失明。

3.病变 肺肿大，呈暗红色带有光泽，间质增宽，有针尖至粟粒大的出血点和灰白色坏死灶，切面流出多量带泡沫的液体。肝肿大，硬度增加，有针尖大的坏死灶和出血点。全身淋巴结肿大，切面外翻，有粟粒大灰白色或灰黄色坏死灶和大小不一的出血点。心、脾、肾也有坏死灶和出血点。胸、腹腔及心包积液。

（二）鉴别诊断

本病与猪瘟十分近似，应注意区别诊断。可参见猪瘟的鉴别诊断。

（三）防治措施

1.预防 猪场内应灭鼠，同时禁止养猫，被猫食或猫粪污染的地方可使用55℃以上的热水或7%氨水消毒。猪舍内应安装纱窗、纱门，防止鸟和昆虫侵入。保持猪舍卫生，经常及时清除粪便并发酵处理，猪场定期消毒。禁止用未煮熟的屠宰废弃物或生肉汤水喂猪。

2.治疗 发现病猪时，除对病猪舍、饲养场用3%火碱或火焰消毒外，应对病猪及时隔离治疗。磺胺类药对本病有较好的疗效。常用磺胺嘧啶+甲氧苄氨嘧啶或二甲氧苄氨嘧啶（0.014～0.07克／千克体重），每天2次，连用3～5天。12%磺胺甲氧吡嗪注射液，50～60毫升／千克体重，每天肌肉注射1次，连用4次。

猪附红细胞体病

关键技术

诊断：本病诊断的关键是有明显的季节性，发烧，转圈，四肢抽搐。全身皮肤发红所以又称猪红皮病。结膜苍白、黄染，并有出血点或出血斑。血液稀、不凝固。脾、肝肿大有出血点和坏死灶。

防治：本病防治的关键是发病季节每月进行一次药物预防。可用新胂凡钠明（914）、土霉素、四环素、黄色素、血虫净粉（贝尼尔）等，有较好疗效。采用耳尖、尾尖、蹄尖放血的办法也有一定疗效。

猪附红细胞体病是由附红细胞体寄生于血液中引起的猪及各种动物的传染病。在临床上主要表现为黄疸、贫血和发热，耳部、唇部、尾部、四肢和下腹部的皮肤发红，所以又称为猪红皮病。多为隐性感染。

本病的病原是附红细胞体，虫体呈球形、圆盘形、椭圆形或杆形等，直径为0.3～0.8微米，最大可达2.5微米，多寄生在红细胞表面，1个红细胞可附着1～10个虫体。

（一）诊断要点

1.流行特点 本病的发生有明显的季节性，多在6～9月份为发病高峰，主要由节肢动物（虱、蚤、螨）和吸血昆虫（蚊、蝇）等传播，也可通过被污染的针头、器械传染。母猪感染后可通过血液传给胎儿。主要侵害的动物有鼠、牛、羊、猪、猫、家兔、鸡和人。常发生于夏秋季节，发病率高。子猪死亡率高，给畜牧业造成很大的损失。

2.症状 多数感染后呈隐性感染，但是小猪症状典型。患猪体温升高至39.5～41.5℃，发烧、不吃，结膜苍白，呆滞，转圈，四肢抽搐，个别猪后肢麻痹，不能站立，乳猪不会吃奶。耳部、唇部、尾部的皮肤首先发红，以后波及到四肢和下腹部，所以又称为猪红皮病。病程3～5天。有的病猪出现黄疸症状，粪便黄染并混有胆汁。一般子猪的死亡率高，耐过的子猪发育不良，成为僵猪。

3.病变 急性死亡的病变不明显，病程较长的表现消瘦，结膜苍白、黄染，并有大小不等的出血点或出血斑，角膜混浊无光泽。皮下黄色胶样浸润。血液稀薄如水，凝固不良。腹腔和心包腔积水。脾肿大，有点状坏死灶和出血点。肝脏肿大、质脆，有出血点和坏死灶，胆囊扩张、胆汁浓稠。肾脏肿大、表面有出血点，心外膜和心冠脂肪出血和黄染，脑组织充血和有出血点。

（二）鉴别诊断

本病与弓形体病、钩端螺旋体病、乙型脑炎和猪瘟有相似之处，应注意鉴别。

（三）防治措施

1.预防 流行季节要消灭吸血昆虫，保持猪舍干燥通风，防蚊灭蚊。常发生地区在发病季节，应每月注射1次黄色素用于预防。

2.治疗 新胂凡钠明（914），每千克体重15～45毫克，静脉注射。注射后血液中的虫体2～24小时消失，但多数可再次复发。土霉素和四环素也有较好疗效，每千克体重均为5～10毫克，肌肉注射或静脉注射。黄色素每千克体重4毫克，隔日1次，连用2次。血虫净粉（贝尼尔）每千克体重7毫克，静脉注射。采用耳尖、尾尖、蹄尖放血的办法也有一定疗效。

猪疥螨病

关键技术

诊断：本病诊断的关键是5月龄以下猪多发，表现皮肤剧痒而到处摩擦，使患部出血，被毛脱落，可见渗出液和血液结成的痂皮，皮肤增厚，出现皱褶或皲裂。

防治：本病防治的关键是用敌百虫溶液、溴氰菊酯溶液、双甲脒溶液洗擦患部或喷淋猪体，或伊维菌素皮下注射，或烟叶或烟梗煮沸涂擦患部，或废机油涂擦患部。

猪疥螨病俗称疥癣，是由疥螨科的猪疥螨寄生于猪的皮肤内引起的一种接触感染的慢性外寄生虫病。以皮肤剧痒和皮肤炎症为特征。本病分布广泛，各地均有发生，一般感染影响生长和发育，严重感染甚至造成死亡。

本病的病原是疥螨，寄生在猪皮肤深层由虫体挖凿的隧道内。虫体很小，大小为0.3～0.5毫米，肉眼勉强看到，呈淡黄色龟状，背面隆起，腹面扁平。以宿主皮肤组织和渗出淋巴液为营养。

（一）诊断要点

1.流行特点 猪疥螨的感染方式为直接或间接接触感染，即健康猪直接接触病猪或接触被污染的栏棚用具、杂物等而感染。幼猪易受疥螨侵害，发病较严重，随着年龄增长，抗螨力也随之增加，猪舍阴暗、潮湿、环境不卫生及营养不良等均可促使本病的发生和发展。秋冬和早春季节，尤其阴雨天气，蔓延广泛，发病严重。

2.症状 5月龄以下猪多发，常由头部的眼圈、颊部和耳根开始，以后蔓延到背部、体侧和四肢。表现剧痒而到处擦痒，患部摩擦而出血，被毛脱落，可见渗出液和血液结成的痂皮，皮肤增厚，出现皱褶或皲裂。由于疥螨的寄生和不断擦痒的结果，皮肤构造和机能遭受严重破坏，同时也严重影响猪的采食和休息，病猪营养不良，逐渐消瘦，发育受阻或停滞，成为僵猪，甚至引起死亡。

（二）防治措施

1.预防 加强饲养管理，保持猪舍清洁、干燥、通风。猪群不能过于拥挤，定期消毒圈栏、用具等。引进猪只时，应隔离观察，防止引进螨病病猪。经常检查猪群，发现病猪，及时隔离治疗。

2.治疗 为了使药物能充分接触虫体，应剪毛去痂，用温肥皂水或2%来苏尔溶液清洗患部，擦干后再涂药。由于大多数治螨药物对螨卵的杀灭作用差，故必须治疗2～3次，每次间隔5天，以杀死新孵出的幼虫。

药物可用1%敌百虫溶液，洗擦患部或喷淋猪体。0.05%双甲脒溶液药浴或喷雾。伊维菌素0.3毫克／千克体重皮下注射。烟叶或烟梗1份，加水20份浸泡24小时，再煮沸1小时后用水溶液涂擦患部。废机油涂擦患部，每天1次。0.005%溴氰菊酯溶液喷淋猪体。

猪虱病

关键技术

诊断：本病诊断的关键是病猪皮肤瘙痒，到处摩擦，常造成脱毛、皮肤损伤，甚至引起化脓性皮肤炎。仔细观察很容易在瘙痒部位发现血虱和虱卵。

防治：本病防治的关键是及时隔离治疗病猪。用敌百虫溶液、溴氰菊酯溶液、双甲脒溶液洗擦患部或喷淋猪体，或伊维菌素皮下注射，或烟叶或烟梗煮沸涂擦患部，或废机油涂擦患部等，都有较好疗效。

猪虱病是由血虱科的猪血虱寄生于猪的体表并以吸取血液为生而引起的一种外寄生虫病。本病分布广泛，我国各地普遍存在，是猪最常见、对猪危害较大的一种寄生虫病。

本病的病原是猪血虱，体长4～5毫米，背腹扁平，椭圆形，呈灰白色或灰黑色。虫卵呈长椭圆形，黄白色，牢固地粘着在猪毛上，不易脱落。多寄生于耳根周围、颈部、腹下和四肢内侧。

（一）诊断要点

1.流行特点 猪血虱的传播方式主要为直接接触感染，即病猪与健康猪相互接触时，虫卵、若虫和成虫落到或爬到健康猪体上而引起感染，尤其在场地狭窄、猪只密集拥挤、管理不良时最易感染，也可通过垫草、用具等间接感染。一年四季都可感染，但以寒冷季节感染严重。

2.症状 猪血虱除吸血外，还分泌毒液，引起痒觉，患病猪到处摩擦，常造成脱毛、皮肤损伤，甚至引起化脓性皮肤炎。病猪食欲减退，营养不良和消瘦。很容易在寄生部位发现血虱和虱卵。

（二）防治措施

1.预防 加强饲养管理，猪舍要保持清洁、干燥、通风良好，避免拥挤，垫草要勤换，用具要定期消毒。对猪群要经常检查，发现有虱病猪，及时隔离治疗。

2.治疗 参照猪疥螨病。

五、猪的内科病

胃肠炎

关键技术

诊断： 本病诊断的关键是体温升高、剧烈腹泻。粪便恶臭，混有黏液、血丝或气泡，重症时肛门失禁，呈里急后重等。出血性胃肠炎，可视黏膜苍白，粪便变黑，呈柏油状。

防治： 本病防治的关键是抑菌消炎，补液、纠酸、解毒等。药物可用黄连素、氟苯尼考、氨苄青霉素，单纯性胃肠炎用磺胺脒配合小苏打使用。

胃肠炎是指胃肠黏膜表层和深层组织的重剧的炎症。临床上以体温升高、剧烈腹泻及全身症状重剧为特征。其病程常呈急性经过，是猪的一种常见多发病。

（一）病因

本病主要是由于饲喂腐烂变质、发霉、不清洁、冰冻饲料或误食有毒植物及酸、碱、汞、铅、砷等化学药物而发病。或消化不良由于延误治疗、用药不当，而使胃肠壁遭受强烈刺激，胃肠黏膜受损，或细菌大量繁殖，毒素被吸收而发展成胃肠炎。另外继发于其他疾病，如猪瘟、传染性胃肠炎等。

（二）诊断要点

病猪食欲废绝，饮水增加，鼻盘干燥，可视黏膜初红黄后青紫，口腔干燥，气味恶臭，舌面皱缩，被覆多量黄腻或白色舌苔。体温升高，脉搏加快，呼吸增数，呕吐，腹痛。少见便秘，多数腹泻，粪便恶臭，混有黏液、血丝或气泡，重症时肛门失禁，呈里急后重等。出血性胃肠炎，可视黏膜苍白，粪便变黑呈柏油状。

通过病因调查，血粪尿化验，可对单纯性胃肠炎，传染病、寄生虫病的继发性胃肠炎进行鉴别诊断。

怀疑中毒时，应检查饲料和其他可疑物质及周围环境情况。

（三）防治措施

首先查出病因，消除病因；其次对症治疗，缓解症状；然后，加强护理，增强机体的抗病能力。

1.治疗　治疗措施如下。

（1）抑菌消炎：是治疗急性胃肠炎的根本措施，可选择下列药物。黄连素每日0.005～0.01克／千克体重，2～3次分服；单纯性胃肠炎用磺胺脒5～10克，小苏打2～3克混合一次内服。对于胃肠炎，以氨苄青霉素0.5～1克加于5%葡萄糖溶液250～500毫升中，静脉注射，每日1～2次，效果比较好。

（2）缓泻与止泻：当病猪排粪迟滞或胃肠内仍有大量异常内容物积滞时，采用缓泻的办法，初期用硫酸钠、人工盐适量混合内服，后期则用液体石蜡或植物油为好。当病猪下痢不止时，可用鞣酸蛋白、次硝酸铋各5～6克，日服2次或碳银片、鞣酸蛋白、碳酸氢钠适量加水灌服来止泻。

（3）强心、补液、解毒：是抢救重症胃肠炎的关键。5%葡萄糖生理盐水300～500毫升静脉注射，兼有补液、解毒和营养心肌的作用；生理盐水、低分子右旋糖酐和5%碳酸氢钠溶液按2∶1∶1 比例进行混合输液，可同时纠正酸中毒。同时可选用西地兰、洋地黄毒甙等速效强心药。

（4）中草药治疗：白头翁根35克，黄柏70克加适量水煎后灌服；或用紫皮大蒜1头，捣碎后加白酒50毫升内服，或加入健胃散同服。

2.预防 平时主要从改善饲养管理入手，经常检查存放的饲料。注意环境卫生，积极治疗其他传染病、寄生虫病，一旦发现消化不良，应尽早治疗，以防加重，转为胃肠炎。

胃溃疡

关键技术

诊断：本病诊断的关键是病猪表现腹痛、磨牙、呕吐、便血、便干。溃疡穿孔时常造成突然死亡，或造成局限性腹膜炎，体表苍白、贫血及呼吸加快。胃内广泛出血，有各种溃疡面，含有不等量的黄褐色液状内容物等。

防治：本病防治的关键是镇静止痛，抗酸止酵，消炎止血，改善饲养管理，加强护理等。

胃溃疡是由急性消化不良与胃出血引起胃黏膜局部组织糜烂和坏死，或自体消化，形成圆形溃疡面，甚至胃穿孔所致。多因伴发急性弥漫性腹膜炎而迅速死亡，或因出血轻微，呈现慢性消化不良，往往无明显临床症状。

（一）病因

原发性胃溃疡，主要由于饲料质量不良、过于精细或粗糙、霉败或难于消化造成的。另外，饲养方法不当、饲喂不定时、时饥时饱、突然变换饲料以及饲料过冷过热都可引起消化机能紊乱，诱发胃溃疡；环境卫生不良、长途运输、拥挤、妊娠等应激条件也能引起神经体液调节机能紊乱，而影响消化发生溃疡。

（二）诊断要点

急性型的溃疡穿孔及弥漫性腹膜炎常造成突然死亡，或造成局限性腹膜炎，而体表苍白、贫血及呼吸加快，表现出典型急腹症。病初腹痛、不安、磨牙、不食、呕吐、便血、便干是其特征性症状，体温正常或略低。

亚急性或慢性病例溃疡范围广，出血轻微无穿孔，临床表现厌食、消化不良，体型消瘦、贫血等。

解剖可见胃内广泛性出血及胃内含有不等量的黄褐色液状内容物及各种溃疡面等可确诊。

（三）防治措施

治疗的原则是镇静止痛，抗酸止酵，消炎止血，改善饲养管理，加强护理。

1.治疗 治疗措施如下。

（1）镇静止痛：安溴注射液10毫升静脉注射，或用2.5%盐酸氯丙嗪溶液4～5毫升，肌肉注射。

（2）中和胃酸防止黏膜受损：用氢氧化铝硅酸镁或氧化镁，使胃内pH值升高，胃蛋白酶的活性丧失，口服鞣酸保护胃黏膜。

（3）保护溃疡面促进愈合：喂前投服次硝酸铋2～6克，每日3次，持续3～5日或聚丙稀酸钠10～15克溶于水拌饲喂服，1日1次，连服5～7日。

对于出血病例，应止血，可用维生素制剂、氯化钙溶液或葡萄糖酸钙等。对急腹症的胃穿孔病例，临床上很难治愈，往往以死亡而告终。

2.预防 首先要注意饲料的管理和调制，保证营养全面合理，避免饲料粉碎得太细或粉碎不全、过粗。在以乳酪、乳清为主要饲料的猪场，应考虑增加粗粉或蛋白质含量高的饲料，以中和胃内容物的酸度；其次要改善饲养管理，避免发生应激，增强其体质，防止继发胃溃疡。

便秘

关键技术

诊断：本病诊断的关键是病猪吃食减少，腹围增大，起卧不安。病初排出有黏液的粪球，用力努责，但并无粪便排出。触诊时能摸到大肠内干硬的粪块，按压时，病猪表现疼痛不安。

防治：本病防治的关键是不要用纯米糠饲喂刚断乳的子猪。发病时用硫酸镁（钠）或石蜡油导泻，用温肥皂水反复深部灌肠，并配合腹部按摩。

肠便秘是因肠运动分泌机能紊乱，内容物停滞而使粪便在肠腔内变干变硬，造成肠腔阻塞的一种腹痛性疾病。本病发生在各种猪，尤以小猪多发，便秘部位通常在结肠。

（一）病因

饲喂干硬不易消化的饲料和含粗纤维过多的饲料，如砻糠、坚韧稿秆、豆秸等劣质饲料，或喂粗料过多，青绿饲料过少而致；饲料不洁，饲料中混杂多量泥沙或其他异物；突然改变饲料，饮水和运动不足；以纯米糠饲喂刚断乳的子猪，妊娠后期或分娩不久伴有肠弛缓的母猪。某些传染病、寄生虫病或其他热性病、慢性胃肠疾病经过中，常继发本病。

（二）诊断要点

主要依据临床症状确诊。临床症状是病猪吃食减少，饮水增加，腹围增大，呼吸增数，起卧不安，回顾腹部等腹痛表现。病初仅排出带有黏液的粪球，后期经常作排粪姿势，用力努责，但除排出少量黏液外，并无粪便排出。时间稍长，则直肠黏膜水肿，肛门突出。腹部听诊，肠音减弱或消失。对体小或较瘦的病猪，通过触诊，能摸到大肠内干硬的粪块，按压时，病猪表现疼痛不安。严重病例，直肠内充满大量粪球压迫膀胱颈，可导致尿潴留而停止排尿。如无并发症，一般体温变化不大。

（三）防治措施

1.治疗　对病猪应停止饲喂或仅喂给少量青绿多汁饲料，同时饮用大量温水。治疗的原则是疏通导泻，镇痛减压，补液强心。

（1）疏通导泻：硫酸镁（钠）30 ~ 50克或石蜡油50 ~ 100毫升或大黄末50 ~ 100克加入适量的水内服，并用温水、2%小苏打或肥皂水，反复深部灌肠，并配合腹部按摩，一般均能见效。如在投服泻药后数小时皮下注射新斯的明2 ~ 5毫克或2%毛果芸香碱0.5 ~ 1毫升可提高疗效。

（2）镇痛减压：腹痛不安时，可肌肉注射20%安乃近注射液3 ~ 5毫升，或2.5%盐酸氯丙嗪液2 ~ 4毫升。

（3）补液强心：心脏衰弱时，应用强心剂，10%安钠咖2 ~ 10毫升，或强尔心注射液5 ~ 10毫升皮下或肌肉注射。病猪极度衰弱时，应用10%葡萄糖溶液250 ~ 500毫升，静脉或腹腔注射，每日2 ~ 3次。

据报道，麻仁60克，滑仁、大黄、芒硝各15克，枳实9克煎水去渣，加植物油60毫升，混合灌服，治疗效果较好。

2.预防 应从改善饲养管理着手，合理搭配饲料，粗料细喂，喂给青绿多汁饲料，每天保证足够的饮水，给予适量的食盐和适当的运动。不要用纯米糠饲喂刚断乳的子猪。

肠变位

关键技术

诊断：本病诊断的关键是病猪突然剧烈腹疼，翻倒滚转，头抵地面呻吟不止，尾巴扭曲状摇摆，跪地爬行或侧卧，呼吸、心跳加快，压迫时痛感明显增强。

防治：本病防治的关键是确诊后及时手术并配合减压、补液、强心、镇痛等。

肠变位是由于肠管自然位置发生改变，致使肠系膜或肠间膜受到挤压，肠管血液循环障碍，使肠腔陷入部分或完全闭塞的急剧性腹痛病。临床上以腹痛由剧烈狂暴转为沉重稳静，全身症状渐进加重，腹腔穿刺液混浊含血，病程短急，直肠变位，肠段有特征性改变为特征。

（一）病因

子猪饥饿和胃肠道运动失调，在突然受冷、乳汁不足和乳头不洁的影响下，引起肠管的异常刺激和个别肠段的痉挛性收缩；或断奶子猪在换饲料的过程中，由于饲养条件的改变，特别是饲喂品质低劣或变质的饲料，使胃肠道运动失调而引起；或子猪肠道存在炎症、肿瘤及蛔虫等刺激物时均可引起肠变位。

酸败、冷冻饲料刺激部分肠管，使其蠕动加强，而其他部分肠管仍松弛并充满内容物，该充实的肠段由于肠系膜的牵引而紧张，当前段肠管内容物迅速后移时，因为猪体突然跳跃或翻转等动力作用，而发生肠变位。

子猪脐孔愈合不全，阴囊孔先天性过大，病理性腹壁孔形成，均可造成肠变位。

（二）诊断要点

病猪突然发生剧烈腹疼，翻倒滚转，鸣叫，四肢划动，尾巴扭曲状摇摆，跪地爬行或侧卧，腹部收缩，背拱起，四肢伏地，头抵地面呻吟不止，呼吸心跳加快，结膜潮红，中等膘度猪触诊时可以触到，压迫时痛感明显增强。肠箝闭有的患猪不腹痛，有的剧烈腹痛。

临床诊断要注意与肠便秘相区别。

（三）防治措施

1.治疗 严禁投服泻药，确诊后及时手术并配合减压、补液、强心、镇痛等措施。

2.预防 针对发病原因采取相应的预防措施，如加强妊娠母猪的营养，避免子猪长时间的饥饿，在母乳不足的情况下可施行人工哺乳，断乳过程要逐渐减少哺乳量，相应增加给饲量，并要保证饲料的营养品质，积极治疗子猪的肠道疾患，纠正胃肠道功能紊乱，减少刺激。

感冒

关键技术

诊断：诊断的关键是在遭受寒冷、贼风袭击或大汗雨淋的情况下，体温升高，皮温不整，鼻盘干燥，畏寒怕冷，眼睛流泪，鼻流清涕，频发咳嗽，呼吸不畅。

防治：防治的关键是防止猪只突然受寒，防止风吹雨淋。气温骤变时，及时采取防寒措施。发病时用安痛定肌肉注射，适当配合应用抗生素或磺胺类药物。

感冒是由于寒冷作用所引起的，以上呼吸道黏膜炎症为主症的急性全身性疾病。以体温突然升高、咳嗽、羞明流泪和流鼻液为临床特征。本病无传染性，一年四季均可发生，但风寒型多见于秋冬两季，风热型多见于春夏。

（一）病因

管理不当，寒冷突然袭击，风吹雨淋，猪舍防寒不良、阴暗潮湿、过于拥挤，饲养不佳、营养不良、长途运输，使猪体质下降，抵抗力减弱；天气变化，忽冷忽热，使机体对环境的适应性降低，特别是上呼吸道黏膜防御机能减退，致使呼吸道内的常在菌得以大量繁殖而引起发病。

（二）诊断要点

在遭受寒冷、贼风袭击或大汗雨淋的情况下，患猪精神沉郁，低头弓腰，乍毛垂尾，全身战栗，食欲减退，皮温不整，鼻盘干燥。体温升高至40℃以上，畏寒怕冷，喜钻草堆。眼红多眵，羞明流泪。口色稍红、舌苔薄白或黄腻。鼻流清涕，频发咳嗽，呼吸不畅，呼吸音增强，脉搏增数。

鉴别诊断应注意猪流感，二者临床症状相似，但发病率不同，猪流感发病率达100%，而普通感冒发病率低，往往散发，病程短，发病不如流感急，没有传染性，多在动物抵抗力降低时发病。

（三）防治措施

1.治疗　本病若及时治疗，可很快治愈。治疗要点：解热镇痛，祛风散寒，防止继发感染。

（1）解热镇痛：内服扑热息痛，每次1～2克，或内服阿司匹林、氨基比林2～5克。也可选用复方奎宁液，或30%安乃近液，或安痛定5～10毫升进行肌肉注射，每日1～2次。

（2）防止继发感染：应用解热镇痛剂后，体温仍未下降，症状未见减轻时，应适当配合应用抗生素或磺胺类药物，以防继发感染，如用氨苄青霉素0.5克肌肉注射，每日2次，连用2～3日，排粪迟滞时，可应用缓泻剂。

（3）中药疗法：柴胡注射液3～5毫升，肌肉注射，穿心莲注射液3～5毫升肌肉注射或银翘散：银花40克，连翘40克，淡豆豉25克，桔梗25克，荆芥穗25克，竹叶30克，薄荷15克，牛蒡子25克，芦根40克，甘草10克煎汤，灌服。

2.预防　主要是加强饲养管理和增强机体抵抗力，防止猪只突然受寒，避免将其放置于潮湿阴冷和有贼风处，特别是在大出汗后，应防止风吹雨淋。气温骤变时，及时采取防寒措施。

支气管肺炎

关键技术

诊断：本病诊断的关键是病猪体温升高，呼吸快而粗。初期为干短带痛的咳嗽，以后呼吸困难加重，咳嗽加剧，并呼吸困难。

防治：本病防治的关键是青霉素、链霉素联合应用以抗菌消炎，氯化铵或复方樟脑酊以祛痰止咳。

支气管肺炎是个别肺小叶或多个肺小叶及其相连接的细支气管的炎症，又称为小叶性肺炎。一般多由支气管炎的蔓延所引起，临床上以出现弛张型热，呼吸次数增多，叩诊有散在的局灶性浊音区和听诊有捻发音为特征。本病以秋冬两季多发。

（一）病因

受凉感冒，管理失调，理化因素刺激，猪体抵抗力降低，多种细菌在肺大量繁殖易发生本病。另外饲养不良、维生素A缺乏也可诱发。某些传染病和寄生虫病可继发支气管肺炎，如猪流行性感冒、猪肺疫、猪肺虫病等。

支气管炎的炎性渗出物，从细支气管黏膜可侵袭肺泡。因此支气管炎可继发支气管肺炎。

（二）诊断要点

病猪初期呈现急性支气管炎的特征如干短带痛的咳嗽，胸部听诊出现干性或湿性罗音。精神沉郁，食欲减退或废绝，结膜潮红或蓝紫，体温升高至41～42℃，呼吸增数，鼻液由浆液性变为黏稠及脓性分泌物。脉搏变弱，心跳频数。呼吸困难现象逐渐加剧，以后咳嗽变为湿性，痛苦减轻。白细胞总数和嗜中性白细胞增多，并伴有核左移，单核细胞增多，嗜酸性细胞缺乏。

（三）防治措施

本病一般持续2周，大多数康复痊愈，治疗原则是：抑菌消炎、祛痰止咳、制止渗出、改善营养、加强护理。

1.抑菌消炎 青霉素、链霉素联合应用效果最好，按每千克体重各1万国际单位肌肉注射，每天2次，连用3～4天；或磺胺二甲基嘧啶注射液20毫升肌肉注射或静脉注射；此外还可选用红霉素、卡那霉素、庆大霉素等。

2.祛痰止咳 当病猪频发咳嗽而鼻液黏稠时，常用氯化铵1～2克，碳酸氢钠1～2克，混合后一次灌服，1天3次，连用2～3天。频发痛咳分泌物不多时，可用镇痛止咳剂，常用的有复方樟脑酊5～10毫升内服，每天2～3次，或磷酸可待因0.05～0.1克内服，每天1～2次。此外，还可使用痰咳净粉剂，用生理盐水溶成10%～20%的液体向咽喉部喷雾，每次2～5毫升，1天2次，效果良好。

3.制止渗出 用10%氯化钙液10～20毫升或10%葡萄糖酸钙10～20毫升静脉注射，每天1次，具有较好的效果。

4.对症治疗 体质变弱时，可静脉注射25%葡萄糖注射液200～300毫升，心脏变弱时，可皮下注射10%安钠咖2～10毫升。

中暑

关键技术

诊断：本病诊断的关键是由于夏季日光直射头部或潮湿闷热，病猪张口喘气，流涎，呕吐，口吐白沫。心搏动强盛，体温升高，鼻内流出血样泡沫，肺水肿，脑充血或水肿。

防治：本病防治的关键是天热时要供给充足的饮水或常用冷水喷洒猪体。病猪移到阴凉通风处，用冷水喷洒全身、冷水灌肠或酒精擦拭体表。在耳尖或尾端放血。

中暑是日射病和热射病的统称。夏季受到日光直射时，引起中枢神经发生急性病变，脑及脑膜充血，致使神经机能发生严重障碍的叫日射病；因气候炎热，环境潮湿，体热产生得多而放散得少，全身过热，而引起中枢神经机能紊乱的叫热射病。临床上以超高体温、循环衰竭为特征。

（一）病因

盛夏酷暑，猪圈无防暑设备，肥猪运输未采取防暑措施，日光直射头部发生日射病；气候炎热，舍内过于拥挤、湿度大，封闭运输，散热减少而发生热射病。

（二）诊断要点

夏季日光直射头部或潮湿闷热、通风不良的环境中突然发病，病情急剧，病猪张口喘气，流涎，常发生呕吐，口吐白沫，步态不稳，兴奋不安。心搏动强盛，甚至振动全身，心跳节律失常，脉细弱不感于手。呼吸促迫，有时呈间歇性呼吸。体温升高至42℃以上，结膜充血或发绀，瞳孔初散大，后缩小，倒地不起，四肢呈游泳状划动，常在几小时内或1～2天内死亡。鼻内流出血样泡沫，肺水肿，脑高度充血或水肿。

（三）防治措施

1.治疗 以防暑降温，减轻心肺负荷，强心利尿，纠正水盐代谢和酸碱平衡为原则。

（1）防暑降温，减轻心肺负荷：病猪移到阴凉通风处，使其保持安静，用冷水喷洒全身或冷水反复灌肠或酒精擦拭体表，促进散热。在耳尖或尾端放血100～300毫升。药物降温：25%盐酸氯丙嗪注射液4～5毫升（体重50千克以上），肌肉注射，可防止产热。

（2）强心利尿：复方氯化钠溶液（氯化钠9克、氯化钾0.3克、氯化钙0.33克、蒸馏水1000毫升）100～300毫升静脉注射，每隔3～4小时，重复注射1次，对心功能不全的可用20%安钠咖注射液5～10毫升，肌肉注射或皮下注射。同时内服薄荷水10～20毫升或樟脑酊30毫升。

2.预防 天热供给充足的饮水，猪舍要通风良好，圈内不要拥挤，最好让猪自由洗澡，或常用冷水喷洒猪体，中午应在阴凉处休息。车船运输时不要过于拥挤，注意通风，途中定时休息，并用冷水喷洒猪体，有条件时供给瓜菜或清凉饮水，以解暑降温。

新生子猪溶血病

关键技术

诊断：本病诊断的关键是子猪出生后一切正常，当吮吸初乳后数小时整窝小猪发病。全身苍白，眼结膜黄染，畏寒震颤，后躯摇晃，尿呈透明红色。肝肿胀，肾肿大，膀胱积聚暗红色尿液。

防治：本病防治的关键是发现病猪立即将该母猪所生子猪由其他母猪代喂奶或人工哺乳。

新生子猪溶血病又称子猪溶血性黄疸，是由于血型不合而配种所引起的一种免疫性疾病。本病发生在个别窝子猪中，刚出生子猪吃初乳不久即引起红细胞大量溶解，病死率可达100%。

（一）病因

本病的基本病因是子体与母体的遗传血型不相符合，具体发病过程大体如下：父母血型不合，子猪继承的是父体的红细胞抗原，子猪的红细胞抗原经过胎盘屏障进入母体血液循环；母体产生抗子猪红细胞的特异性同种血型抗体；抗体分子量大，不能通过胎盘而影响胎儿，但当子猪出生后吸吮了含有较高浓度抗体的初乳，抗体经吸收后，与红细胞表层抗原特异性结合，引起急性免疫性血管内凝血。

（二）诊断要点

子猪出生后膘情良好，一切正常，吮吸初乳后数小时到十几小时，整窝小猪发病。白色子猪可见全身苍白，眼结膜黄染，不吃奶，畏寒，震颤，后躯摇晃，尿呈透明红色。由该母猪代喂奶的其他窝子猪则不发病，且发育良好。最急性病例，出生时正常，吮乳后突然起病，只表现急性贫血，在黄疸、血红蛋白尿尚不明显的情况下，生后12小时内即陷入休克而死亡。病理变化呈全身黄染，肝肿胀，脾褐色稍肿大，肾肿大而充血，膀胱积聚暗红色尿液。

（三）防治措施

发现病猪立即将该母猪所生子猪由其他母猪代喂奶或人工哺乳，同时人工定时挤掉母猪奶，经过3天后母猪可喂子猪。若有产子期相近的母猪，且两只母猪均很温顺，可以将整窝子猪调换哺乳。此病在治疗上目前尚无良药。

猪应激综合征

关键技术

诊断：本病诊断的关键是当注射疫苗、长途运输、捆绑、电击、恐惧等不良因素刺激时，患猪肌肉和尾巴震颤，特别是尾快速震颤。体温升高，呼吸、心跳加快，口吐白沫。

防治：本病防治的关键是用氯丙嗪镇静，用皮质激素抗应激，用水杨酸钠、巴比妥钠、维生素C、抗生素等抗过敏。

猪应激综合征是猪在应激因子的作用下产生的恶性高热，突然死亡，肉质变劣等综合征，表现为应激时患猪体温骤然升高，呼吸急促，心跳过速，肌肉僵硬，后肢强直，机体代谢紊乱，乳酸过量聚积，造成代谢性酸中毒，严重时致死，出现苍白柔软、有渗出液或深色干硬的劣质肉。以瘦肉型、生长快的品种多发。在我国由于瘦肉型猪种的大量引进和广泛使用，商品猪瘦肉率的大幅度提高，该病的发生率有上升趋势，应引起应有的重视。

（一）病因

1.遗传因素 遗传因素是猪应激综合征发生的内在原因，有一部分猪对应激具有易感性而且呈隐性基因遗传。一般来说生长快，产瘦肉率高的品种，如皮特兰猪、波中猪及杂交瘦肉型猪的发生率明显高于我国的地方品种。

2.超常刺激 各种强烈的刺激因素常为猪应激综合征的触发剂，如注射疫苗、长途运输、捆绑、斗架、电击、兴奋、恐惧、公猪配种、母猪分娩、使用某些全身麻醉剂等。

（二）诊断要点

在应激状态下，患猪表现为肌肉和尾巴震颤，特别是尾快速震颤。体温升高，呼吸困难，可视黏膜发绀。继之肌肉僵硬，卧地不起，眼球突出，心跳加快，每分钟可达200次，口吐白沫呈休克状态，直到临死前体温可达45℃。若不予治疗，约有80%以上的病猪在20～90分钟内死亡。应激反应最严重的猪，见不到任何明显症状而突然死亡。死后几分钟内就发生尸僵，肌肉温度很高。急性死亡或急宰的病猪，全身呈现劣质肉，反复发作而死亡的病猪，可在腿部和背腰部出现劣质肉。

（三）防治措施

1.治疗 治疗原则是镇静和补充皮质激素。

镇静剂中的首选药物是氯丙嗪，按每千克体重1～2毫克肌肉注射，有较好的抗应激作用，同时有预防作用。鉴于有时可引起变态反应性炎症或过敏性休克，最好选用皮质激素作肌肉注射或静脉注射。其他抗过敏的药物如水杨酸钠、巴比妥钠、维生素C、抗生素等也可选用。为解除酸中毒，可用5%的碳酸氢钠溶液静脉注射。

2.预防 依据该病的遗传特性，应注意选育抗应激的品种。凡有应激敏感病史或易惊恐，皮肤易起红斑、体温易升高的应激敏感猪，一律不作种用。通过基因检测可将应激敏感基因携带者直接检出，准确率达100%。

改善饲养管理，减少或避免各种应激原的刺激。猪场位置与建设要合理，能避免外界过多的干扰。供给全价而平衡的日粮，及充足的饮水，可以提高机体的抵抗力。在收购、运输、贮存猪的过程中，尽量减少各种不良刺激。肥猪运到宰场应让其充分休息散发体热后屠宰。屠宰过程要快，最长不能超过45分钟，然后迅速冷冻，以防止产生劣质肉。

对已知某些具有应激敏感性的猪，在可能发生应激之前给予镇静剂，有助于降低本病的死亡损失。

子猪贫血

关键技术

诊断：本病诊断的关键是黏膜苍白无血色，呼吸、脉搏均增加，稍加运动则心悸亢进，喘息不止。异嗜、衰竭。血液稀薄如水，肝脏肿大，出现土黄杂色斑，脾稍肿大，质地较硬，肾实质变性。

防治：本病防治的关键是子猪生后3～5天开始补充铁剂。药物首选硫酸亚铁、焦磷酸铁、乳酸铁及还原铁等，常配伍硫酸铜，以促进铁的吸收。

子猪贫血是指半月至1月龄哺乳子猪所发生的一种营养性贫血。多发生于冬春两季。

（一）病因

子猪出生后生长发育很快，需要大量的铁，若此时不及时补铁，仅靠母乳的供给及体内的有限贮存，远远不能满足子猪的需要，结果血红蛋白合成不足，导致缺铁性贫血。因此，饲养管理不当是本病的重要致病条件。正常情况下，子猪亦有一个生理性贫血期，若铁的供应及时而充足，则子猪易度过此期。放牧的母猪及子猪可以从青草及土壤中获得一定量的铁，而长期在水泥、木板地面的猪舍内饲养的子猪，由于不能与土壤接触，失去了对铁的摄取外源，仅靠哺乳获取铁远远不能满足子猪的生长需要，因此难于度过生理性贫血期，发生缺铁性贫血。新生子猪血红蛋白的正常值是，每100毫升血液中8～12克，若降至4～5克，或3克，则为贫血状态。

此外，铜与铁质的运输和利用有关，有资料报道子猪贫血不仅缺铁而且缺铜，有的还缺钴、维生素B_{12}及叶酸等造血物质。缺铁时，血红蛋白含量下降，而缺铜时则导致红细胞数减少。

（二）诊断要点

在密闭式饲养的半月至1月龄的哺乳子猪，而又没采取补铁措施的情况下最易发生，且多群发。病猪表现精神沉郁，食欲减退，离群伏卧，营养不良，被毛粗乱，体温不高，突出症状是可视黏膜呈淡蔷薇色，轻度黄染。严重者，黏膜苍白如白瓷，光照耳壳呈灰白色，几乎看不到明显的血管。呼吸、脉搏均增加，可听到贫血性心内杂音，稍加运动，则心悸亢进，喘息不止。有的子猪外观很肥胖，生长发育也较好，可在奔跑中突然死亡，剖检见典型贫血变化，如皮肤及可视黏膜苍白，血液稀薄如水，肝脏肿大，出现土黄杂色斑，脾稍肿大，质地较硬，肾实质变性；有的子猪外观消瘦，食欲不振，便秘、下痢交替出现，异嗜、衰竭。

（三）防治措施

1.治疗 治疗原则是补充外源铁质，通常采用铁剂口服，既经济又有效，在大型集约化生产条件下，多采用铁制剂。

常用的制剂有硫酸亚铁、焦磷酸铁、乳酸铁及还原铁等，其中以硫酸亚铁为首选药物，为促进铁的吸收，常配伍硫酸铜，处方为：硫酸亚铁2.5克，硫酸铜1克，常用水1 000毫升，每千克体重用此混合液0.25毫升，用汤匙灌，每天1次，连服7～14天。如能结合补给氯化钴50毫克／次或维生素B_{12} 0.3～0.4毫克／次，配合应用叶酸5～10毫克，则效果更好。

注射铁制剂，疗效迅速而确实。常用的铁制剂有右旋糖酐铁、葡萄糖铁钴注射液、山梨醇铁。实践证明，葡萄糖铁钴注射液或右旋糖酐铁2毫升，肌肉深部注射，通常1次即愈，必要时隔7日再半量注射1次。

2.预防 预防本病的主要措施是加强哺乳母猪的饲养管理，增加哺乳子猪外源性铁剂的供给。最有效的预防措施为子猪生后3～5天即开始补铁剂，方法同治疗。

钙和磷缺乏症

关键技术

诊断：本病诊断的关键是子猪生后即衰弱无力，数天仍不能站立，四肢关节肿大而不能屈曲。如生后发病的，表现异嗜、消化不良，跛行、关节肿大、疼痛，不愿站立。骨骼变形，脊椎骨弯曲，肢骨弯曲呈“X”形或“O”形，易骨折。

防治：本病防治的关键是猪的日粮营养要全价而平衡，同时应加强运动和日光浴。治疗用维丁胶性钙、维生素A，配合应用亚硒酸钠可提高疗效。

饲料中钙和磷缺乏，或二者比例失调或维生素D缺乏又日光照射不足，则幼龄猪发生佝偻病，成年猪形成软骨病，临床上以消化紊乱，异嗜癖、跛行、骨骼弯曲变形为特征。

（一）病因

饲料中钙与磷长期缺乏或钙与磷比例失当，如饲料中钙、磷比例应是2：1或1：1，若失去平衡，钙过多，可与磷结合，形成不溶性磷酸盐，影响磷的吸收，导致机体缺磷；反之，过多的磷可与钙结合，影响钙的吸收，机体缺钙。

维生素D能保持钙、磷在机体中比例的平衡，使钙、磷在骨骼中沉积，保持骨骼健康正常。饲料虽钙、磷比例适宜，但当维生素D缺乏时，钙、磷在肠道内不能充分吸收，直接影响骨骼中磷酸钙的合成。

对于先天性佝偻病，主要是由于母猪怀孕期间缺乏日光照射，体内钙、磷和维生素D含量不足，影响胎儿骨组织发育。对于成年猪的软骨病有人认为与遗传因素有关，一般情况下，生长速度快，瘦肉率高的商品猪，发病率较高。

（二）诊断要点

先天性佝偻病，子猪生后即衰弱无力，经数天仍不能站立，扶助站立时，背腰拱起，颜面骨肿大，硬腭突出，四肢关节肿大而不能屈曲。后天性佝偻病，进展缓慢，病初精神委靡，食欲减退、异嗜，消化不良，随着病情的发展，出现跛行，关节肿大，疼痛，不愿站立和走动，如强迫活动时，则有的子猪弯腕站立或以腕关节爬行，后肢以跗关节着地。病后期则骨骼变形，脊椎骨向下方（凹背）或上方（凸背）弯曲，肢骨弯曲呈“X”形或“O”形，肩端隆起，头骨肿大，采食、咀嚼困难，肋骨与肋软骨结合处肿大呈串珠状，易骨折。

成年猪的软骨病，多见于母猪，其症状与子猪后天性佝偻病相似。

根据病猪出现的症状，同时结合猪的年龄（佝偻病发生于幼龄猪，软骨症发生于成年猪），饲养管理条件（特别是饲料的配合，维生素D的含量，钙、磷的量及比例，光照和户外活动情况，有无胃肠病等继发病），病程经过及治疗效果等特征，不难做出诊断。

（三）防治措施

1.治疗 本病的治疗，主要是改善妊娠母猪、哺乳母猪和子猪的饲养管理，给予富含钙、磷（注意比例适当）及维生素D的饲料如豆科青绿饲料、骨粉、鱼粉等。同时注意加强运动和日光浴，子猪还要适当断乳。

子猪可用维丁胶性钙注射液，按每千克体重0.2毫克，隔天一次肌肉注射；维生素A注射液2～3毫升，隔天一次肌肉注射。成年猪静脉注射10%葡萄糖酸钙50～150毫升，或3%次磷酸钙溶液60～70毫升，每天1次。以上用法配合应用亚硒酸钠可提高疗效。也可应用磷酸钙2～5克或10%的氯化钙液，每次1汤匙，每天2次，拌料喂给。

2.预防　经常喂给猪全价而平衡的日粮，同时应加强运动和日光浴。

维生素E-硒缺乏症

关键技术

诊断：本病诊断的关键是子猪弓背，行走摇晃，肌肉发抖呈痛苦状；有时两前肢跪地移动，后躯麻痹。骨骼肌尤以臂部和股部，肌肉色淡，呈灰白色条纹，膈肌呈放射状条纹。

防治：本病防治的关键是缺硒地区的妊娠母猪要补给亚硒酸钠液和维生素E制剂。病子猪注射亚硒酸钠维生素E注射液。

饲料中硒的含量低于千万分之一和维生素E含量不足时，可引起猪的硒和维生素E缺乏症。该症多发生于2月龄的子猪和4～5月龄的育成猪。

（一）病因

主要原因是饲料中硒和维生素E的含量不足。土壤内硒含量低，直接影响农作物硒含量，如我国动物的缺硒病分布在辽、吉、黑、冀、鲁、豫、陕、甘、宁、川、藏、浙等部分缺硒地区。另外，当使用硫肥过多时，会导致植物缺硒。饲料中不添加多种维生素，也不喂给优质的青绿饲料，则会导致维生素E的缺乏。

（二）诊断要点

本病主要以骨骼肌、心肌及肝脏变质性病变为基本特征。猪主要病型有子猪白肌病，子猪肝坏死和桑葚心等，现分述如下：

1.子猪白肌病　一般多发生于20日龄左右的子猪，成猪少发。患病子猪一般营养良好，身体健壮而突然发病。体温一般无变化，食欲减退，精神沉郁，呼吸急促，常突然死亡。病程稍长者，可见后肢强硬，弓背，行走摇晃，肌肉发抖，步幅短而呈痛苦状；有时两前肢跪地移动，后躯麻痹。部分子猪出现转圈运动或头向侧转，最后呼吸困难，心脏衰竭而死。死后剖检变化：骨骼肌和心肌有特征变化，骨骼肌特别是后躯臀部和股部肌肉色淡，呈灰白色条纹，膈肌呈放射状条纹。切面粗糙不平，有坏死灶。心包积水，心肌色淡，尤以左心肌变性最为明显。

2.子猪肝坏死 急性病例多见于营养良好、生长发育迅速的子猪，以3～5周龄猪多发，常突然发病死亡。慢性病例的病程3～7天或者更长，出现水肿、绝食、呕吐，腹泻与便秘交替，运动障碍，抽搐、尖叫、呼吸困难，心跳加快。有的病猪呈现黄疸，个别病猪在耳、头、背部出现坏疽，体温一般不高。死后剖检，皮下组织和内脏黄染，急性病例的肝脏呈紫黑色，肿大1～2倍，质脆易碎，呈豆腐渣样。慢性病例的肝脏表面凹凸不平，正常肝小叶与坏死肝小叶混合存在，体积缩小，质地变硬。

3.猪桑葚心 病猪常无先兆突然死亡。有的病猪精神沉郁，黏膜紫绀，躺卧，强迫运动时常立即死亡。体温无变化，心跳加快，心律失常。有的病猪，两腿间的皮肤可出现形状和大小不一的紫红色斑点，甚至全身出现斑点。死后剖检变化：尸体营养良好，各体腔均充满大量液体，并含纤维蛋白块。肝脏增大呈斑驳状，切面呈槟榔样红黄相间。心外膜及心内膜常呈线状出血，沿肌纤维方向扩散。肺水肿，肺间质增宽，呈胶冻状。

（三）防治措施

1.治疗 对已病子猪，肌肉注射亚硒酸钠维生素E注射液1～3毫升（每毫升含硒1毫克，维生素E 50国际单位），或用0.1%亚硒酸钠溶液皮下或肌肉注射2～4毫升／次（成年猪注射10～20毫升），隔20日再注射1次。

2.预防 平时应注意饲料搭配和有关添加剂的应用。缺硒地区的妊娠母猪产前15～25天内及子猪生后第二天起，每30天肌肉注射0.1%亚硒酸钠液1次，母猪3～5毫升，子猪1毫升；也可在母猪产前10～15天喂给适量的硒和维生素E制剂，有一定的预防效果。

锌缺乏症

关键技术

诊断：本病诊断的关键是生长缓慢、经常腹泻，腹下、背部、股内侧和肢关节等部的皮肤发生对称性红斑和丘疹，发生干裂，增厚的表皮上覆以容易剥离的鳞屑。

防治：本病防治的关键是在日粮中添加硫酸锌或肌肉注射碳酸锌，也可用葡萄糖酸锌。

锌缺乏症是饲料中锌含量绝对或相对不足而引起的一种营养缺乏症，又称皮肤不全角化症，是一种慢性、非炎性疾病。临床上以生长缓慢，皮肤皲裂，繁殖机能障碍及骨骼发育异常为特征，本病发病率高，但一般无死亡。

（一）病因

饲料中锌含量不足，猪只没有锌的来源。饲料中钙含量过高，多余的钙干扰锌的吸收，从而导致锌相对缺乏是最常见的病因。此外，植酸盐能与锌结合而降低其吸收率。对于猪只，无论饲料中锌含量多少，只要植酸盐与锌的物质的量比超过20：1，即可导致临界性锌缺乏。

（二）诊断要点

病猪食欲减退，生长缓慢，腹下、背部、股内侧和肢关节等部的皮肤发生对称性红斑，继而发展为直径为3～5毫米的丘疹，很快皮肤变厚至5～7毫米，有裂隙，增厚的表皮上覆以容易剥离的鳞屑。增厚的皮肤不发痒，常继发皮下脓肿。病猪常出现腹泻。如日粮得到矫正，皮肤病变常在10～45天内自然痊愈。

锌缺乏症易和疥癣病、渗出性皮炎混淆，应注意区别。疥癣病伴有明显瘙痒症状，在皮肤刮取物中可发现螨虫，使用适当的杀虫剂治疗，可很快治愈。渗出性皮炎主要见于未断乳的子猪，病变具有滑腻性质，而且死亡率较高。

（三）防治措施

1.治疗　对发病猪只，补锌是临床治疗的关键。肌肉注射碳酸锌2～4

毫克／千克体重，每天1次，10天为一疗程，一疗程即可见效。内服硫酸锌0.2～0.5克／头，对皮肤角化不全和因锌缺乏引起的皮肤损伤，数日后即可见效，经过数周治疗，损伤可完全恢复。或同时在日粮中添加0.03%硫酸锌，连喂10天。

2.预防 在日粮中添加硫酸锌或碳酸锌有很好的预防效果。锌的安全幅度很宽，如每千克饲料添加比例在50～100毫克均不会有中毒反应。标准的补锌量每吨饲料中添加碳酸锌或硫酸锌180克。也可用葡萄糖酸锌。

维生素A缺乏症

关键技术

诊断：本病诊断的关键是皮肤粗糙，皮屑增多，咳嗽，下痢，角膜软化，走路摇晃，肌肉痉挛，圆圈运动，全窝子猪同时呈现痉挛性发作。妊娠母猪常出现流产和死胎，或产出的子猪瞎眼、畸形、小眼球等。

防治：本病防治的关键是妊娠母猪分娩前1个月补充维生素A。病猪可注射维生素AD注射液。

维生素A缺乏症是维生素A长期摄入不足或吸收障碍所引起的一种慢性营养缺乏症。临床上以生长发育不良，视觉障碍和器官黏膜损伤为特征。以子猪多发，且常发于冬末、春初青绿饲料缺乏时。

（一）病因

有机体吸收胡萝卜素，在肝或小肠内，经酶的作用转化为维生素A。胡萝卜素存在于植物内，胡萝卜的含量最高，其次是叶，谷物饲料含量最少。因此，日粮中缺乏青绿饲料时易引起维生素A缺乏症。

粗饲料的调制、贮存不当如暴晒、酸败、氧化等，使饲料中的维生素A原（胡萝卜素）遭到破坏，长期饲喂这种饲料可引起维生素A缺乏症。

当动物患有慢性胃肠炎疾病、肝胆疾病时，影响维生素A的吸收利用，可继发维生素A缺乏症。另外猪舍日光不足，通风不良，缺乏运动，常可促发本病，20日龄的子猪发病，多因母乳中缺乏维生素A所致。

（二）诊断要点

子猪发病后较典型的症状是皮肤粗糙，皮屑增多，呼吸气管及消化器官有不同程度的炎症，出现咳嗽，下痢等，生长发育缓慢。严重者神经机能紊乱，听觉迟钝，视力减弱，甚至角膜软化。走路摇晃，肌肉痉挛，圆圈运动，甚至全窝子猪同时呈现痉挛性发作。妊娠母猪维生素A缺乏，常出现流产和死胎，或产出的子猪瞎眼、畸形、小眼球等，体质弱，易于患病和死亡。

本病主要依据饲养管理情况，临床症状及维生素A治疗效果，进行综合诊断。

（三）防治措施

预防和治疗本病的主要措施是加喂富含维生素A或胡萝卜素的饲料，消除影响维生素A吸收利用的不利因素。妊娠母猪分娩前1个月补充维生素A，可增加新生子猪的肝贮备，预防子猪的维生素A缺乏症。对病猪可用维生素A注射液2.5万～5万国际单位，一次肌肉注射；或维生素AD注射液，母猪2～5毫升，子猪0.5～1毫升，肌肉注射。对眼部，呼吸道及消化道的炎症对症治疗。平时饲料内添加复合维生素及多维钙片。

此外，做好饲料的收割、加工、调制、保管工作，如配合饲料要及时饲喂，存放时间最好不超过1周。

异嗜癖

关键技术

诊断：病猪以消化不良开始，接着出现异食症状，如舔食墙壁，啃食槽，吃土块、砖块、煤渣、破布等。育成猪相互啃咬对方耳朵、尾巴，喝血，常可发生相互攻击而造成外伤。

防治：本病防治的关键是使用全价而平衡的日粮，积极治疗慢性胃肠疾病和寄生虫病。可用氯化钴和硫酸铜配合使用，有较好的治疗作用。

异嗜癖是由于代谢机能紊乱，味觉异常的一种非常复杂的多种疾病综合征。临床上以到处啃咬、舔食一些无营养价值本不应采食的东西为特征，它不是一种疾病，而是许多疾病（如软骨症、慢性消化不良等）的一种临床症状。多发生在冬季和早春舍饲的猪群。

（一）病因

本病的病因至今尚未完全搞清，通常认为与下列因素有关：

饲料中缺乏某些矿物质和微量元素，如钠、铜、钴、锰、钙、铁、硫等不足，常出现异嗜癖。饲料中缺乏维生素，尤其是B族维生素缺乏，导致体内代谢机能紊乱，味觉异常。

饲料中某些蛋白质和氨基酸缺乏。临床上母猪吞食胎衣、胎儿，可能就是这个原因。一些疾病出现异嗜现象如佝偻病、慢性胃肠病、寄生虫病等。

（二）诊断要点

患猪多以消化不良开始，接着出现异食症状，如舔食墙壁，啃食槽，吃土块、砖块、煤渣、破布等。育成猪相互啃咬对方耳朵、尾巴，喝血，常可发生相互攻击而造成外伤。食欲减退，发育迟缓或停止。成年母猪吞食子猪或胎衣。此病的症状极易发现，但欲确诊究竟由什么原因引起，并不容易，需根据病史，临床症状，饲料成分等多方面情况，进行综合分析，才能确诊。

（三）防治措施

本病的治疗原则为缺什么补什么，如钙缺乏时，可补充钙盐。有人报道用10～20毫克氯化钴配合75～150毫克硫酸铜使用，对本病有较好的治疗作用。预防本病的措施是：为不同年龄，不同用途和不同品种的猪分别配制全价而平衡的日粮；积极治疗慢性胃肠疾病，寄生虫病等原发性疾病。

僵猪

关键技术

诊断：本病诊断的关键是由于近亲繁殖，品种退化或种猪未到体成熟就参加配种，怀孕母猪营养不足或有病，使子猪生长缓慢。表现毛长体瘦、肚圆臀尖，大脑袋，弓背走路，精神不振，只吃不长。

防治：本病防治的关键是驱虫健胃，肌肉注射健康猪血有一定疗效。

僵猪又称“小老猪”，“小赖猪”，“落脚猪”等，主要是由于先天发育不足，或后天营养不良所致。临床上以饮食正常，但生长发育缓慢或停滞为特征，不同地区，不同品种的猪都有发生，给养猪业造成很大损失。

（一）病因

先天性发育不足，近亲繁殖，对后代影响较大，品种退化，生长发育停滞；种猪未到体成熟就参加配种，后代生长缓慢；怀孕母猪营养不足，造成胎儿发育不良，影响后天生长。

子猪出生后，由于种种原因而不能满足其快速生长的物质需要，使其生长发育受阻。母猪无泌乳能力或乳汁少，子猪无法吃足乳；子猪断奶后，日粮品质差，营养缺乏，久而久之，形成僵猪；子猪患病，如副伤寒、白痢、慢性胃肠炎、蛔虫病、肺丝虫病、螨虫病、肾虫病等，阻碍了子猪的生长发育，变成了僵猪，据有关资料统计，在各种疾病中寄生虫病引起的病僵比例最大，占70%～80%。

（二）诊断要点

僵猪多发生于10～20千克体重的猪，表现毛长体瘦、肚圆臀尖，大脑袋，弓背走路，精神不振，只吃不长，有的6个月才20千克，有的养1～2年尚未达到出售标准。由于疾病而引起的僵猪，因不同病症状各异，如患气喘病有咳嗽，气喘症状；患寄生虫病表现贫血。

（三）防治措施

1.驱虫、洗胃、健胃　驱虫用左旋咪唑片，按猪体重25毫克／千克研细混入饲料中饲喂，第五日健胃，按每10千克用大黄苏打片2片，分3次拌入饲料中喂服。

2.营养全面　为猪提供全价而平衡的日粮。

3.药物治疗　①枳实、厚朴、大黄、甘草、苍术各50克，硫酸锌、硫酸亚铁、硫酸铜各5克，共研细末混合均匀，按每千克体重0.3～0.5克喂服，每天2次，连喂3～5天。②健康猪血：现采现用，每头僵猪5～10毫升，肌肉注射，每天1次，连用3～5次。③猪血或羊血：每头僵猪20～40毫升，拌饲料中喂给，每天1次，连喂3天。以上方剂，任选一方即可。

有慢性疾病的僵猪要在首先治愈原发病后再选用上述方剂进行调治，一般情况下均可转变为健康猪。

六、猪的中毒性疾病

亚硝酸盐中毒

关键技术

诊断：诊断的关键是当饲喂了过多的烂白菜、萝卜叶、瓜藤时，突然发病，流涎、口吐白沫或呕吐，可视黏膜变为青紫色。剪耳或断尾，流出的血液呈酱油色，凝固不良。全身抽搐，嘶叫，伸舌，而后窒息而死。

防治：防治的关键是青绿饲料要新鲜饲喂。美蓝和甲苯胺蓝是亚硝酸盐中毒的特效解毒药。同时配合应用维生素C和高渗葡萄糖液，效果更好。

亚硝酸盐毒性很大，能使血液中的氧合血红蛋白变为高铁血红蛋白，使血液失去携氧能力，引起全身缺氧，造成中毒。本病常于吃饱后不久发生，故俗称“饱食瘟”。

（一）病因

猪常用的青绿饲料如白菜、萝卜叶、瓜藤等均含有较多的硝酸盐，若此类饲料加工、调制不当（堆积存放过久；慢火焖煮；饲料较久地保持在40~60℃），上述饲料中的硝酸盐可在反硝化细菌的作用下还原为亚硝酸盐，而使猪中毒。

（二）诊断要点

饲喂猪10~30分钟后，相继发病。病猪呼吸困难，呆立不动，四肢无力，行走打晃，时起时卧，犬坐姿势，流涎、口吐白沫或呕吐，体温正常或偏低（35~37℃），可视黏膜初期灰白色，后变为青紫色。剪耳或断尾，可流出黑褐色血滴，呈酱油色，凝固不良。脉搏快速细弱，很快四肢麻痹，全身抽搐，嘶叫，伸舌，而后窒息而死。发病前，猪的精神良好，食欲正常。凡吃这种食物多者，发病重，死亡快。

因死亡快，内脏多无显著变化，主要特征是血液呈紫黑色的酱油状，而且凝固不良。

亚硝酸盐简易检验：取胃肠内容物或残余饲料的液汁1滴，滴在滤纸上，加10%联苯胺液1~2滴，再加10%冰醋酸液1~2滴，滤纸出现红棕色，则为阳性，颜色不变为阴性。

也可将待检饲料放入试管内，加10%高锰酸钾溶液1~2滴，搅匀，再加10%硫酸1~2滴，混匀。高锰酸钾退色为阳性，不退色则为阴性。

（三）防治措施

1.治疗 美蓝和甲苯胺蓝是亚硝酸盐中毒的特效解毒药。同时配合应用维生素C和高渗葡萄糖液，效果更好。具体措施如下：症状严重者，尽快剪耳，断尾放血，静脉或肌肉注射1%美蓝溶液，每千克体重注射0.1~0.2毫升，或注射甲苯胺蓝，每千克体重5毫克，内服或注射大剂量维生素C（按每千克体重给予10~20毫克），以及静脉注射10%~25%葡萄糖液300~500毫升。对症状较轻者，仅投服适量的糖水或牛奶、蛋清水等，并让其安静休息即可。

对症治疗：对呼吸困难，喘息不止的患猪，可注射山梗菜碱，尼可杀米等呼吸兴奋剂；对心脏衰弱者可注射安钠咖、强尔心等；对严重溶血者，放血后输液并口服或静脉注射肾上腺皮质激素，同时内服碳酸氢钠等药物，使尿液碱化，以防血红蛋白在肾小管内凝集。

2.预防 合理地加工调制饲料，严防饲料腐败发酵，尤其是含硝酸盐较丰富的青绿饲料。

食盐中毒

关键技术

诊断：本病诊断的关键是食入含盐过多的饲料或饮水，病猪到处找水喝，脏水也喝。呕吐，兴奋不安，口吐白沫，四肢、头颈痉挛，头向后仰，四肢划动，胃肠黏膜出血、溃疡。

防治：本病防治的关键是限制使用含盐较高的残渣废水和日粮。解毒用硫酸铜内服催吐，内服黏浆剂及油类泻剂或内服浓白糖水。

适量的食盐可增进食欲，帮助消化，但猪对食盐特别敏感，食入较多时，易引起中毒，甚至死亡。猪中毒后，以突出的神经症状和消化紊乱为其临床特征。食盐中毒，实质是钠中毒，因此近年来多倾向于统称“钠盐中毒”。

（一）病因

食入或饮入含食盐过多的饲料和饮水，是引起食盐中毒的主要原因。由于食盐中毒的实质是钠离子中毒，因此，猪只食入过量的乳酸钠、碳酸钠、硫酸钠等均可发生中毒，而且中毒的症状及病理变化都与食盐中毒相同。

猪食盐中毒量及致死量，变动范围较大，主要取决于饮水是否充足，因此食盐中毒的确切原因是食盐饲喂过量，且饮水不足所致。

（二）诊断要点

病初，病猪精神沉郁，食欲废绝，皮肤瘙痒，到处找水喝，脏水也喝。继之出现呕吐和明显的神经症状，表现兴奋不安，频频点头，张口咬牙，口吐白沫，四肢痉挛，肌肉震颤，盲目行走，单向转圈，横冲直撞，头抵墙壁不动，听觉、视觉障碍，刺激无反应，体温在正常范围之内。有的卧倒，头颈痉挛，头向后仰，四肢出现游泳状的划动。重症病例，出现癫痫样痉挛，后躯麻痹，呼吸困难，心跳加快，瞳孔散大，昏迷死亡。一般病程1～4天。剖检可见：胃肠黏膜充血、出血，以胃底部最严重，有的胃黏膜可见溃疡。脑、脊髓有不同程度的充血、水肿，尤其是软脑膜和大脑实质最明显。

根据以上病症及饲料和饮水情况，可以对此病做出诊断。

（三）防治措施

1.治疗　食盐中毒无特效解毒药，治疗要点是促进食盐排除及对症治疗。

发现中毒后应立即停喂含食盐的饲料及饮水，改喂稀糊状饲料。口渴时，应多次少量供给饮水，切忌突然大量供水或任其自由饮水，以免病情突然恶化，同群的猪亦不应突然随意供水，否则会促使处于前驱期钠贮留的猪大批暴发中毒。

急性中毒的猪，用1%硫酸铜50～100毫升内服催吐后，内服黏浆剂及油类泻剂50～100毫升，使胃肠内未吸收的食盐泻下和保护胃肠黏膜。也可在催吐后内服白糖150～200克。

为恢复体内离子平衡，可静脉注射10%葡萄糖酸钙50～100毫升。为缓解脑水肿，降低脑内压，可静脉注射25%山梨醇液或50%高渗葡萄粮液50～100毫升。为缓解兴奋和防止痉挛发作，可静脉注射25%硫酸镁注射液20～40毫升，或2.5%盐酸氯丙嗪2～5毫升，静脉或肌肉注射。心脏衰弱时，可皮下注射安钠咖、强尔心等。

2.预防　在利用含盐较高的残渣废水时，应适当限制用量；日粮中含盐不应超过0.5%，并混合均匀，以免过量；平时注意供给充足的饮水，有利于体内多余的氯离子、钠离子及时随尿排出，维持体液离子的动态平衡。

棉子饼中毒

关键技术

诊断：本病诊断的关键是一次大量喂给或长期饲喂未经去毒处

理的棉子饼之后发病，耳根紫红色，腹下红色，体温升高，四肢无力。鼻腔有分泌物，肺水肿、发炎、有罗音。粪便干黑、带血。眼睛发炎或双目失明，腹泻、脱水和惊厥，死亡率高。

防治：本病防治的关键是棉子饼限量使用，无特效解毒剂。

已知棉子饼中的有毒成分有游离棉酚、棉酚紫和棉绿素等三种物质，其毒性取决于游离棉酚的含量。游离棉酚对各种家畜均有毒害作用，其中以猪最敏感。

（一）病因

棉子毒在体内排泄缓慢，有蓄积作用。因此，一次大量喂给或长期饲喂未经去毒处理的棉子饼，可引起中毒。

（二）诊断要点

病猪精神不振，低头，咳嗽，耳根紫红色，腹下红色，有的体温升高，达41～42℃。拱腰，四肢无力，走路摇晃。结膜暗红，有黏性分泌物。呼吸、心跳增快而弱，鼻腔有分泌物流出，肺水肿、发炎、有罗音。食欲减退，粪便干黑、带血。红细胞减少，嗜中性白细胞增加，发生维生素A缺乏症，眼睛发炎，或双目失明，妊娠母猪发生流产，子猪常腹泻、脱水和惊厥，死亡率高。

根据发生的症状及棉子饼的饲喂情况，可做出诊断。

（三）防治措施

1.治疗　本病无特效解毒剂，主要采取消除致病因素，加速毒物的排除及对症治疗。

对于急性中毒病例，可用0.05%高锰酸钾溶液，2%～3%碳酸氢钠溶液或3%过氧化氢（加10～15倍水）溶液反复洗胃，洗后内服硫酸镁或硫酸钠导泻，同时可用3%～5%碳酸氢钠液灌肠，另外对疑有肺水肿，中毒性肝炎，急性肾功能衰竭等现象者，可采取对症治疗。

对于慢性病例，应立即停喂棉子饼，内服稀盐酸1～5毫克，每日3次，加少量水投服，或鞣酸1～2克，硫酸亚铁2克，加水200毫升一次内服。为了阻止渗出，增强心脏功能补充营养和解毒，可用25%葡萄糖注射液200～250毫升，20%安钠咖5～10毫升，10%氯化钙溶液50毫升，一次静脉注射。注射维生素C、维生素A、维生素D等都有一定的疗效。

据报道，大蒜1头，香油70毫升，鸡粪少许一次内服，效果不错，临床上可试用。

2.预防 为了预防棉子饼中毒，可采取以下措施：①对棉子饼进行减毒处理；处理的方法很多，如加热去毒，棉子饼中添加硫酸亚铁去毒。②限制喂量，猪的喂量每日不得超过0.5千克，怀孕母猪及子猪最好不饲喂。③棉子饼与其他蛋白饲料配合使用，同时添加维生素、矿物质，对预防棉子饼中毒有很好作用。④培育不含棉酚的棉花品种，最近美国、埃及、叙利亚、伊朗等国都培育出几乎不含棉酚的新棉花品种。

霉饲料中毒

关键技术

诊断：本病诊断的关键是子猪中毒呈急性发作，头弯向一侧，头顶墙壁。大猪在嘴、耳、四肢内侧和腹部皮肤出现红斑。腹痛，下痢或便秘，粪便中有血液，妊娠母猪流产。肝肿大，质地变脆。

防治：本病防治的关键是停止饲喂霉变饲料。用高锰酸钾溶液、温生理盐水或碳酸氢钠液洗胃，内服盐类泻剂如硫酸钠。

霉饲料中毒是动物采食了发霉饲料而引起的中毒性疾病。临诊上以神经症状为特征。各类型的猪均可发生，子猪及妊娠母猪较敏感。

（一）病因

自然环境中，霉菌种类很多，常寄生于玉米、大麦、小麦、稻米、糠麸及豆类制品中，如温度（28℃左右）和湿度（80%～100%）适宜，就会大量生长繁殖，有些霉菌在生长繁殖过程中，能产生有毒物质。目前已知的霉菌毒素有百种以上，最常见的有黄曲霉毒素、镰刀菌毒素和赤霉菌毒素，含有这些毒素的饲料被猪采食后可引起中毒，造成大批发病和死亡。

发霉饲料中毒病例，临床上常难以确定是哪种霉菌毒素中毒，往往是几种霉菌毒素协同作用的结果。

（二）诊断要点

子猪和妊娠母猪较为敏感。中毒子猪常呈急性发作，出现中枢神经症状，头弯向一侧，头顶墙壁，数天内死亡。大猪病程较长，一般体温正常，初期食欲减退。白猪的嘴、耳、四肢内侧和腹部皮肤出现红斑。后期停食，腹痛，下痢或便秘，粪便中混黏液或血液，被毛粗乱，迅速消瘦，生长迟缓等。妊娠母猪常引起流产及死胎。剖检可见：肝颜色变淡黄，显著肿大，质地变脆。淋巴结水肿。病程较长的病例。皮下组织黄染，胸腹膜、肾、胃肠道常出血。急性病例最突出的变化是胆囊黏膜下层严重水肿。

据饲喂发霉饲料的病史、临床症状及剖检变化，可对此病做出初步诊断。

（三）防治措施

1.治疗 霉饲料中毒无特效疗法，应立即停止饲喂霉变饲料。改换新鲜全价日粮，同时进行对症治疗。

急性中毒，用0.1%高锰酸钾溶液，温生理盐水或2%碳酸氢钠液进行灌胃、洗胃后，内服盐类泻剂，如硫酸钠30~50克，水1升，一次内服。静脉注射5%葡萄糖生理盐水300~500毫升，40%乌洛托品20毫升；同时皮下注射20%安钠咖5~10毫升，以增强猪体抗病力，促进毒素排出。

2.预防 预防霉饲料中毒的根本措施是严格控制饲料的水分和温度，防止饲料发生霉变，对轻微发霉的饲料必须经去毒处理后限量饲喂，对发霉严重的饲料，绝对禁止喂猪。

有机磷中毒

关键技术

诊断： 本病诊断的关键是有采食有机磷农药的经过，病猪磨牙，兴奋不安。肌肉震颤，出汗，呕吐，腹泻。肺水肿，气管内有大量泡沫样液体。胃肠黏膜出血、内容物似大蒜味。

防治：本病防治的关键是控制敌百虫剂量，不用刚喷过农药的蔬菜喂猪。特效解毒药为硫酸阿托品与解磷定或双复磷联合应用。同时洗胃、催吐。

有机磷农药，具有强大的杀虫效力，但对人畜毒性很大，常因为接触吸入或误食某种有机磷农药而引起中毒。常见引起猪中毒的有机磷农药有：1605、1059、3911、乐果、敌百虫、敌敌畏等。

（一）病因

使用敌百虫或敌敌畏等有机磷制剂驱除体内外寄生虫时，用量不当；采食了喷洒农药不久的蔬菜、瓜果下脚料及污染过的草而引起中毒。

（二）诊断要点

采食有机磷农药后，最短约30分钟，最长8～10小时出现症状，个别病例呈慢性经过。本病的主要临床症状为胆碱能神经兴奋，大量流涎，口吐白沫，骚闹不安。有的流鼻液及泪液，眼结膜高度充血，瞳孔缩小，磨牙，肠蠕动音亢进，呕吐，肌肉震颤，全身出汗，不断腹泻。病情加重时，呼吸快速，眼斜视，四肢软弱，卧地不起。若不及时抢救，常会发生肺水肿而窒息死亡。慢性经过的病猪，无瞳孔缩小及腹泻等剧烈症状，只是四肢软弱，两前肢腕部屈曲跪地，欲起不能，尚有食欲，病程可长达5～7天。剖检可见：肺水肿，气管及支气管内有大量泡沫样液体。肝肿大，胆汁滞留。肾肿大，质脆，呈土黄色。胃肠黏膜弥漫性出血，易脱落，胃内容物似大蒜味（经口中毒者），心外膜有出血点。

据接触有机磷农药的病史及临床症状和剖检变化，可初步做出诊断。

（三）防治措施

1.治疗　治疗原则，首先立即实施特效解毒，然后尽快除去尚未吸收的毒物，同时配合进行必要的对症治疗。

实行特效解毒，应用胆碱酯酶复活剂和乙酰胆碱对抗剂，双管齐下，疗效确实。常用的胆碱脂酶复活剂有：解磷定、氯磷定、双解磷、双复磷。常用的乙酰胆碱对抗剂为硫酸阿托品。轻度中毒病例可任选其一，中度和重度中毒可选硫酸阿托品与解磷定或双复磷联合应用。

（1）解磷定：0.02～0.05克／千克体重，溶于5%葡萄糖生理盐水100毫升中作静脉或腹腔注射。注意该药使用时忌与碱性溶液配用。

（2）双复磷：0.04～0.06克／千克体重，用盐水溶解后，可供皮下、肌肉或静脉注射。

（3）硫酸阿托品注射液：1毫升（5毫克）一次皮下注射。

以上三种药物用量应据猪体大小与中毒程度酌情增减，注射后要观察瞳孔变化，在第一次注射后10分钟左右，如无明显好转应重复注射，直到瞳孔扩大，其他症状消失为止。

在实施特效解毒的同时或稍后，应采取除去未吸收毒物的措施：若是因皮肤涂药引起的中毒则应用清水或5%石灰水或肥皂水冲洗皮肤。若经口进入体内引起的中毒，可用硫酸铜1克内服，催吐。或用2%～3%碳酸氢钠液或食盐水洗胃，并灌服活性炭。值得注意的是，敌百虫中毒不能用碱水洗胃或洗皮肤，否则会转变成毒性更强的敌敌畏。

对于严重的病例，可配合静脉注射高渗葡萄糖液等辅助疗法，有助于消除肺水肿。

2.预防　严格控制敌百虫等药剂量。在规模化猪场拌药饲喂驱虫时，应将强弱猪分开喂，以免有的食量过多。健全对农药的购销、保管和使用制度，防止污染饲料、饮水及周围环境。不用刚喷洒过农药的蔬菜等饲料喂猪。

黑斑病甘薯中毒

关键技术

诊断：本病诊断的关键是当猪采食大量黑斑病甘薯后发病，口流白沫，呼吸严重困难。便秘或腹泻。肺脏水肿、气肿，肺叶上有出血斑。胃黏膜出血、溃疡。

防治：本病防治的关键是限制用黑斑病甘薯喂猪。及早催吐、洗胃或内服泻剂。用硫代硫酸钠缓解呼吸困难，用双氧水、葡萄糖盐水并适当加入维生素C静脉注射，效果更佳。

黑斑病甘薯中毒，是猪采食大量患有黑斑病或软腐病、象皮虫病的甘薯所致发的一种以急性肺水肿与间质性肺气肿，以及严重呼吸困难为病理和临床特征的中毒病。黑斑病的有毒成分是翁家酮与甘薯酮。

（一）病因

猪吃了染有黑斑病的甘薯及其加工后的残渣或其晒成的干片均可引起中毒。发病猪以小猪为严重。

（二）诊断要点

子猪易发病，而且症状严重，大猪呈慢性经过。一般在喂后第二天发病，并且有较多的猪同时发病。病猪精神沉郁，食欲减退，口流白沫，呼吸困难，可视黏膜发绀、流泪。心音增强，心律不齐，肠音减弱，粪便干硬发黑，后期转为腹泻，排混有黏液和血液的稀软恶臭粪便。有的发生痉挛，运动失调，步态不稳，轻症病例停喂有病甘薯，约经1周逐渐恢复。重症病例，体温升高（41～42℃），出现明显的神经症状，头抵墙壁，前冲乱撞，在抽搐发作中死亡。剖检可见：除肺脏特征性病变外，并且胃黏膜呈现广泛性充血、出血、黏膜易剥脱、胃底部发生溃疡；肝肿大，胆囊肿大几倍充满黑绿色胆汁。

据饲喂黑斑病甘薯的病史，突发和流行特点，严重的呼气性呼吸困难，以及肺脏特征性病变，可做出初步诊断。

（三）防治措施

1.治疗　治疗原则是排除毒物，解毒，缓解呼吸困难。在毒物尚未完全被吸收前，通常采用催吐、洗胃或内服泻剂的方法，但在症状出现后，并无多大实用意义。

缓解呼吸困难：可用5%～20%硫代硫酸钠注射液20～50毫升，静脉注射。亦可同时加入维生素C 0.2～0.5克。

据报道，用3%双氧水10～30毫升，加入3倍以上的5%葡萄糖生理盐水溶液，混合后缓慢静脉注射，有良好效果，若能适当加维生素C效果更佳。

2.预防　为防止发生甘薯黑斑病，收获甘薯时尽量不损伤表皮，将无伤的甘薯贮存于干燥密封的地窖内，温度应控制在10～15℃。病甘薯应集中处理，严防用有病甘薯喂猪。

老鼠药中毒

关键技术

诊断：本病诊断的关键是猪误食灭鼠毒饵后突然发病，表现惊恐、尖叫、向前直冲。呕吐，四肢抽搐。心跳、呼吸加快，瞳孔散大。或沉郁、肌肉松弛。血凝不良，胃黏膜充血脱落。心肌变性，心内外膜有出血斑点。肝、肾淤血、肿大。

防治：本病防治的关键是用特效解毒药——解氟灵，亦可用市售白酒内服解毒。同时催吐、洗胃、导泻。

老鼠药主要有氟乙酰胺、氟乙酸钠和N甲基N萘基氟乙酸盐等，是一类药效高、残效期长，使用方便的杀虫、杀鼠类剧毒农药。猪发生有机氟化物中毒在临床上以心脏及神经系统受损害为特征。

（一）病因

猪误食喷洒过氟乙酰胺的青饲料、农作物。食入了用氟乙酰胺处理过的灭鼠毒饵。农药保管及使用不当，污染了饲料、饮水被猪食入。上述各种原因，都可发生中毒。

（二）诊断要点

猪食入多量氟乙酰胺，经4～12小时潜伏，表现急性中毒，突然发病，神经症状明显，惊恐、尖叫、向前直冲、不避障碍。呕吐，全身颤抖、四肢抽搐、突然跌倒、角弓反张，心跳、呼吸加快，瞳孔散大。持续几分钟后，出现缓和，以后又重复发作。抑制期嗜睡，沉郁，肌肉松弛，常在1～2天死亡。

当猪多次少量食入氟乙酰胺，可发生蓄积中毒，食欲减退，狂跑狂跳，遇障碍物或水坑不躲避等一系列神经症状。

主要病理变化有血凝不良，胃黏膜充血脱落。心肌变性，心内外膜有出血斑点。肝、肾淤血、肿大。据接触有机氟化合物的病史，神经兴奋和心律失常为主的临床症状，可做出初步诊断。

（三）防治措施

1.治疗 一经确诊，应立即使用特效解毒药——解氟灵（乙酰胺），剂量可按每日每千克体重0.1克计算，肌肉注射，首次用量要达到每日用药量的一半，一般注射3～4次，至震颤抽搐现象消失为止，再出现震颤抽搐重复用药。

在没有解氟灵的情况下，亦可用市售白酒解毒，5～15千克体重的猪用50毫升，15～25千克体重的用100毫升；25千克以上的用150毫升；一次内服。

同时应施行催吐、洗胃、导泻等中毒的一般急救措施，并用镇静剂、强心剂、山梗菜碱等作对症治疗。

有条件时，可使用辅助解毒剂，如辅酶A、三磷酸腺苷、细胞色素C及维生素B类制剂，效果更好。

2.预防 禁喂被氟乙酰胺污染的饲草、饲料。使用过氟乙酰胺的农作物，从施药到收割必须经60日以上的残毒排出时间，才能作饲料使用。对毒死的鼠类尸体要深埋，以防被吞食发生中毒。

七、猪的外科、产科病

直肠脱及脱肛

关键技术

诊断：本病诊断的关键是直肠脱于肛门外，呈红色或紫黑色。排粪困难，频频努责。

防治：本病防治的关键是直肠脱出时间短的，用高锰酸钾水清洗后送回腹腔。脱出时间长、已发生水肿和坏死的，可剪除坏死的黏膜，不损伤肠管肌层，整复后送回，并在肛门周围注射酒精。若直肠脱出部分已糜烂的，则可采取截除手术。

直肠部分或全部脱出于肛门外称为直肠脱。直肠后段部分黏膜脱出于肛门外称为脱肛。

直肠脱或脱肛较普遍的原因是长期便秘、反复腹泻、肛门括约肌松弛。2~4月龄的猪发病较多，此外，母猪分娩时努责，亦可引起肠脱。

（一）诊断要点

初期，直肠脱于肛门外，多呈红色，经久则发生充血、水肿，逐步变为暗红色和紫黑色。脱出部常附泥土，甚至发生皲裂坏死。病猪精神不振，少食或不食，排粪困难，频频努责。重者可因直肠脱出并发结肠套叠或肠管破裂发生败血症而死亡。

（二）防治措施

发病初期，直肠脱出很短，用1%明矾水或0.5%高锰酸钾水洗净脱出的肠管及肛门周围，再提起猪的后肢，慢慢送回腹腔。脱出时间较长，水肿严重，甚至部分黏膜已发生坏死时，可用0.1%高锰酸钾水冲洗干净，然后剪除坏死的黏膜，注意不要损伤肠管肌层，轻轻整复，并在肛门左右上下分四点注射95%酒精，每点2～3毫升。为了防止剧烈努责造成肠管再脱出，可于交巢穴注射1%盐酸普鲁因液5～10毫升。若直肠脱出部分已坏死糜烂，则可采取截除手术。

脐疝

关键技术

诊断：本病诊断的关键是脐部出现核桃大或鸡蛋大，有的甚至达拳头大的半圆形肿胀。将子猪仰卧或以手按压疝囊时缩小或消失，并可摸到疝轮（脐孔）。

防治：本病防治的关键是切开疝囊，还纳肠管，闭锁疝轮。

脐疝是指内脏经脐孔脱出于皮下而形成。本病常发生于幼龄猪，常因为脐孔闭锁不全或完全没有闭锁，再加上腹内压增高（如奔跑、按压、捕捉时）而导致腹腔脏器进入皮下，脱出的脏器多为小肠和网膜。

（一）诊断要点

在脐部出现核桃大或鸡蛋大，有的甚至达拳头大的半圆形肿胀。将子猪仰卧或以手按压疝囊时，肿胀缩小或消失，并可摸到疝轮（脐孔）。当肠管嵌闭在脐孔中时，肿胀硬固，有热痛，病猪腹痛不安，有时呕吐。

（二）防治措施

1.切开疝囊，还纳肠管，闭锁疝轮　这种方法效果确实可靠，可达到根治的目的，临床上广泛应用。方法是：将猪仰卧保定，按常规术前准备（术前禁食1天），术部剪毛洗净，涂碘酊或0.1%新洁尔灭溶液，再用1%普鲁卡因液浸润麻醉。切开疝囊，不要损伤腹膜和疝囊内的肠管，将肠管还纳入腹腔。如果肠管与囊壁粘连，要小心剥离。连续缝合腹膜，对于肌肉破口用较粗丝线作结节缝合，注意所有缝线全部穿好后再一一打结。最后撒布磺胺粉或青霉素粉，皮肤做结节缝合。

2.皮外缝合法 对于疝轮较小，而且无粘连和嵌闭时，可用皮外缝合法进行闭锁，效果较好，简便易行，但术中应注意防止缝上肠管。

3.术后护理 术后1周内不要喂得太饱。为了防止破伤风可注射破伤风血清1万～3万国际单位。术后要放在干燥的圈内，以防感染化脓。1周后再拆除结系绷带及减张缝合线。

脓肿

关键技术

诊断：本病诊断的关键是猪体表有浅表性脓肿，局部坚硬、发热、剧烈疼痛。脓肿成熟时，中央软化、有波动感。常可自溃、排出脓汁。深层组织的脓肿如在腰、腿、背、腹、颈、头等部位，可发生相应部位的机能障碍。

防治：本病防治的关键是病初用温热疗法或涂布鱼石脂软膏，同时使用抗生素或磺胺类药物进行治疗。当脓肿成熟时，应及时作切开手术，彻底排出脓汁。

在猪的任何组织或器官中形成的局限性脓腔称为脓肿。各种化脓菌通过损伤的皮肤或黏膜进入体内而发生。常见的原因有：肌肉或皮下注射时消毒不严；尖锐物体的刺伤或手术时局部造成污染。

（一）诊断要点

猪体表任何部位都可发生浅表性脓肿。初期局部肿胀，稍高出皮肤表面，局部增温，坚硬，触摸有剧烈疼痛。数日后，脓肿逐渐局限化，四周坚实，中央软化，触之有波动感。脓肿成熟之后，常可自溃，排出脓汁，为乳白色稀薄液体或豆绿色黏稠状物。

深层肌肉，肌间发生脓肿，由于脓肿部位深，局部增温，在外部常不易感觉。脓肿在腰、腿、背、腹、颈、头等部位，发生相应部位的机能障碍。

（二）防治措施

病初为了消散炎症，局部可用温热疗法，如热敷、醋疗等，也可涂布樟脑水银软膏一类的药物。同时，用抗生素或磺胺类药物进行全身性治疗。若上述疗法不能使炎症消散，可在患部涂抹5%碘软膏或20%鱼石脂软膏等，以促进脓肿成熟，当出现波动感时，表明脓肿已成熟。此时应及时作切开手术，彻底排出脓汁（注意应让脓汁自然流出，不可强力挤压），再用3%双氧水或0.1%高锰酸钾水冲洗干净，涂布松碘流膏，以加速坏死组织净化。

风湿病

关键技术

诊断：本病诊断的关键是当受到潮湿、寒冷侵袭后突然发病，体温升高，肌肉或关节疼痛，行走跛行，转变不灵活。开始行走时表现疼痛，经过一定运动后疼痛缓解。

防治：本病防治的关键是用水杨酸钠注射或安乃近注射，效果很好。

风湿病又称痹病。在寒湿地区常有发生，特别是春季、秋季和冬季多发。主要是由于潮湿、寒冷、运动不足等诱因而引起的疾病，一般认为与溶血性链球菌感染有关。

（一）诊断要点

常发生肌肉及关节风湿。往往突然发病，患部肌肉或关节疼痛，行走跛行，转弯不灵活，弓腰走小步，喜卧。开始行走时表现疼痛，经过一定运动，疼痛缓解，这是风湿症的主要特点。体温升高0.1～1.0℃，脉搏呼吸稍增数，食欲正常或稍减。

（二）防治措施

1.水杨酸制剂 水杨酸对风湿病的治疗仍是较有效的药物，本药的制剂很多，临床上常用的除撒乌安、撒溴碘（安其卡鲁林）等注射液外，也可用5%～10%水杨酸钠注射液20～30毫升静脉注射，安乃近注射液10～20毫升肌肉注射，安痛定10～20毫升肌肉注射。

2.针灸 据发病部位适当选穴，一般后肢以百会穴为主，配大胯、小胯、寸子、尾本等穴。前肢以抢风穴为主，配膊尖、冲天、寸子等穴。背腰以针肾盂、肾棚、肾角六穴。

3.湿热疗法 是一种简单有效的方法。将酒糟炒热装入袋内，敷于患部，但要注意保温；或用10%樟脑酒精于患部反复涂擦；也可用氨搽剂。

母猪不孕症

关键技术

诊断：本病诊断的关键是母猪发情不正常，或出现发情，但不排卵，屡配不孕或少胎。有的则不发情。

防治：本病防治的关键是加强饲养管理，使母猪保持中等膘情。采取一些催情措施也有效如公猪催情、并窝、按摩乳房、注射促卵泡素或前列腺素类似物、注射孕马血清等。

猪虽是一种繁殖力较高的动物，但其不孕率仍可达10%～20%，因此降低母猪空怀率和增加其繁殖性能已成为养猪业的关键性问题。

（一）病因

主要有生殖器官发育不全、生殖器官疾病及饲养管理不当等因素引起母猪不孕症。

生殖器官发育不全造成的不孕，是指母猪达到配种年龄而生殖器官尚未发育完全，临床叫做幼稚病。主要是由于脑垂体机能不全，甲状腺及其他内分泌腺机能紊乱所致。临床一般治疗价值不大，应育肥淘汰。

生殖器官疾病造成的不孕，常见于卵巢和子宫的疾病，使发情异常，或导致精子、卵子或胚胎早期死亡。常见的疾病有：卵泡囊肿、持久黄体及子宫内膜炎、阴道炎等。

饲养管理不当造成的不孕最常见。主要是由于饲料量不足或饲料营养不全，尤其是缺乏蛋白质、矿物质及维生素时，导致母猪较瘦，使生殖机能发生障碍；相反，若营养过于丰富，再加上运动不足，会造成母猪肥胖，导致卵巢内脂肪浸润，卵泡上皮脂肪变性，卵泡萎缩，因而不发情。

（二）诊断要点

母猪表现为发情不正常，如发情不定期，发情期延长或持续发情。有的母猪虽出现发情，但不排卵，屡配不孕。有的即使发情、受孕，也会造成少胎。有的则不发情。为了确定此类不孕的具体原因，必须根据母猪发情配种情况、母猪营养状况、饲料种类和饲养管理制度等进行综合分析，最后做出诊断。

（三）防治措施

应分析具体病因，采取相应的治疗方法，如卵泡囊肿时，可肌肉注射黄体酮15～25毫克，每日或隔日1次，连用2～7次；持久黄体时，可肌肉注射前列腺素类似物PGF1a甲酯针剂3～4毫克。对于久治不能受孕者，应育肥淘汰。

平时应加强饲养管理，使母猪保持中等膘情，是治疗此类不孕症的根本措施。在此基础上，据具体情况，可采取一些催情措施如：公猪催情、并窝、按摩乳房、注射促卵泡素或前列腺素类似物、注射孕马血清等。

胎衣不下

关键技术

诊断：本病诊断的关键是在猪生产后，当检查胎衣上脐带断端的数是否与胎儿数相符时发现。初期没有明显症状，但胎衣在子宫内滞留过久，发生腐败分解，母猪会不断努责，体温升高。从阴门流出红褐色臭味的液体。

防治：本病防治的关键是防止怀孕母猪过瘦、过肥。发病时用催产素或麦角新碱，并冲洗子宫，放入粉剂土霉素或四环素，防止感染。

一般在胎儿产出后经10～60分钟即可排出胎衣。如果产后经2～3小时未排出胎衣，或只排出一部分，叫胎衣不下。

饲料营养不全，母猪体质瘦弱，产后子宫弛缓，子宫收缩无力，导致胎衣迟迟不下。妊娠期间，母猪缺乏运动，母猪过肥，胎儿过大，难产，子宫过度扩张，产后阵缩微弱，都可引起胎衣不下。

（一）诊断要点

猪的全部胎衣不下较少见，临床上多数是部分胎衣不下。为了诊断胎衣是否全部排出，应检查胎衣上脐带断端的数是否与胎儿数相符。母猪胎衣不下的初期没有明显症状，随病程延长，胎衣在子宫内滞留时间过久，发生腐败分解，引起全身症状，母猪不断努责，精神不安，食欲减退或废绝，但喜饮水，体温升高。从阴门流出红褐色臭味的液体。时间过长可引起败血症。

（二）防治措施

1.治疗 当母猪发生胎衣不下时，可皮下注射催产素5～10国际单位，2小时后可重复注射1次或皮下注射麦角新碱0.2～0.4毫克。还可耳静脉注射20毫升10%氯化钙和50～100毫升10%葡萄糖。若子宫有残余胎衣碎片，可向子宫内灌注0.1%雷佛诺尔溶液100～200毫升，每天1次，连用3～5天。若胎儿胎盘较完整，可在子宫内注入5%～10%盐水1毫升，促使胎儿胎盘缩小，与母体胎盘分离。为防止胎衣腐败及子宫感染，可向子宫内投放粉剂土霉素或四环素0.5～1克。

2.预防 加强怀孕母猪的饲养管理，每天有适当的运动，防止母猪过瘦、过肥，这样可减少本病的发生。

子宫内膜炎

关键技术

诊断： 本病诊断的关键是猪产后及流产后，发烧、时常努责，阴道内排出带臭味污秽不洁的红褐色黏液或脓性分泌物。母猪即使能定期发情，也屡配不孕。

防治： 本病防治的关键是注意猪舍干燥、清洁、卫生。发病时用雷佛努尔、新洁尔灭冲洗子宫并向子宫内注入青霉素或金霉素，可同时注射链霉素。

子宫内膜炎通常是子宫黏膜的黏液性或化脓性炎症，为母猪常见的生殖器官疾病。子宫内膜炎发生后，往往发情不正常，或发情虽正常，但不易受孕，即使妊娠，也易发生流产。

由于难产手术，助产消毒不严，子宫脱出，虽经整复，但感染了细菌，发生炎症。胎衣不下，时间过久，在子宫腔内腐败分解，黏膜发生炎症。配种和人工受精过程中，违反操作规程，使母猪生殖道感染细菌，而发生炎症。本病病原菌主要有大肠杆菌、棒状杆菌、链球菌、葡萄球菌、绿脓杆菌等。

（一）诊断要点

1.急性子宫内膜炎 多发生于产后及流产后，全身症状明显，病猪食欲减退或废绝，体温升高，时常努责，有时随同努责从阴道内排出带臭味污秽不洁的红褐色黏液或脓性分泌物。

2.慢性子宫内膜炎 多由于急性子宫内膜炎治疗不及时转化而来，全身症状不明显，病猪可能周期性地从阴道排出少量混浊黏液。母猪即使能定期发情，也屡配不孕。

（二）防治措施

1.治疗 在炎症急性期首先应清除积留在子宫内的炎性分泌物，选择下面任一种溶液冲洗子宫：1%明矾、1%～2%碳酸氢钠、0.1%高锰酸钾、10%生理盐水、0.1%雷佛努尔、0.02%新洁尔灭。冲洗后必须将残存的溶液排出。最后，可向子宫内注入20万～40万国际单位青霉素或1克金霉素。若病猪有全身症状禁止使用冲洗法。

对于慢性子宫内膜炎的病猪，可用青霉素20万～40万国际单位，链霉素100万国际单位，混于高压灭菌的植物油20毫升中，向子宫内注入。为促使子宫蠕动加强，有利于子宫腔内炎性分泌物的排出，可使用子宫收缩剂，如皮下注射垂体后叶素20～40国际单位。

向子宫内投药或注冲洗药应在产后若干日或在发情时进行，因为此期子宫颈开张，便于投药，在其他时期投药，易引起子宫损伤。

子宫内膜炎的全身疗法：可用抗生素或磺胺类药物。青霉素每次肌肉注射160万～200万国际单位，链霉素每次肌注100万国际单位，每天2次。磺胺嘧啶钠的剂量按每千克体重0.05～0.1克，每天肌肉注射或静脉注射2次，连用3天。

2.预防 应注意保持猪舍干燥、清洁、卫生；发生难产时助产应小心谨慎以免损伤产道，用弱消毒溶液洗涤产道，并注入抗菌药物。人工受精应严格遵守消毒规则。

乳房炎

关键技术

诊断：本病诊断的关键是患猪发烧，乳房红、肿、热、痛，母猪拒绝哺乳。乳汁中带有黄色脓汁。乳房可形成脓肿，往往自行破溃而排出带有臭味的脓汁。

防治：本病防治的关键是挤出乳房内的乳汁，局部涂以消炎软膏，在乳房基部封闭注射盐酸普鲁卡因青霉素。发生脓肿的，应尽早切开排脓，用过氧化氢溶液冲洗，用青霉素、磺胺类药物肌肉注射。

猪乳房炎是猪产子后哺乳期间，1个或数个乳房发生的炎症。

本病多半是由链球菌、葡萄球菌、大肠杆菌或绿脓杆菌等病原微生物侵入而引起的。其感染途径主要是乳房受到外伤，如子猪咬破乳头。此外，饲养管理不当可诱发此病；母猪患子宫内膜炎时，常可并发此病。

（一）诊断要点

患病乳房可见潮红、肿胀，触之有热感。由于乳房疼痛，母猪拒绝子猪哺乳。乳汁最初较稀薄，以后变为乳清样，仔细观察可见到乳中含絮状物。炎症发展到脓性时，可排出淡黄色或黄色脓汁。若脓汁排不出时，可形成脓肿，拖延日久往往自行破溃而排出带有臭味的脓汁。对脓性或坏疽性乳房炎，尤其是波及到几个乳房时，母猪会出现全身症状，体温升高，食欲减退，喜卧等。

（二）防治措施

1.治疗　对症状较轻的乳房炎，可挤出患病乳房内的乳汁，局部涂以消炎软膏（如10%鱼石脂软膏、10%樟脑软膏或碘软膏）。对乳房基部封闭：用0.25%～0.5%盐酸普鲁卡因溶液50～100毫升，加入10万～20万国际单位青霉素，在乳房实质与腹壁之间的空隙，用注射针头平行刺入后注入。

对乳房发生脓肿的病猪，应尽早切开排脓，然后用3%过氧化氢溶液或0.1%高锰酸钾溶液冲洗。脓肿较深时，可用注射器先抽出其内容物，最后向腔内注入青霉素10万～20万国际单位。病猪有全身症状时，可用青霉素、磺胺类药物治疗。青霉素每次肌肉注射40万～80万国际单位，每天2次。肌肉注射10%磺胺嘧啶钠注射液10毫升，每天2次，连用2～3天。另外，可同时内服乌洛托品2～5克，以促使病程缩短。

2.预防　猪舍应保持干燥、清洁、卫生，地面要平整，防止刮伤乳头；母猪在分娩及断奶前3～5天，应减少饲料喂量，以减轻乳腺的分泌作用。

阴道及子宫脱出

关键技术

诊断：本病诊断的关键是母猪从阴门突出红色球状物，站立后脱出物可缩回，或整个阴道脱出于阴门之外，站立后也不能缩回。有时直肠也同时脱出。

防治：本病防治的关键是怀孕母猪的营养要均衡，每天要有适当的运动。当发现脱出时，用生理盐水冲洗，用手推还。为防止再脱可缝合阴门。

所谓阴道脱就是指阴道一部分或全部突出阴门之外。此病在产前和产后均可产生，尤以产后发生较多。子宫角前端翻入子宫腔或阴道内，称为子宫套叠，子宫全部翻出于阴门外，称为子宫脱出，两者为同一病理过程，只是程度不同。子宫脱出常发生于分娩后数小时以内，因此时子宫尚未收缩，子宫颈仍开放着，子宫体及子宫角易翻转和脱出。

母猪饲养管理不当，如饲料中缺乏蛋白质及矿物质，或饲喂量不足，造成母猪瘦弱，多次经产的老龄母猪全身肌肉松弛无力，阴道固定组织松弛。母猪运动不足，怀孕后期常卧地，或发生产前截瘫，可使腹内压增高。此时子宫和内脏共同压迫阴道，而易发生此病。

此外，母猪剧烈腹泻而引起不断努责，产子时及产后发生的努责过强，以及难产时助产抽拉胎儿过猛，均易造成阴道脱和子宫脱。

（一）诊断要点

1.阴道不全脱　母猪卧地后见到从阴门突出鸡蛋大或更大些的红色球状物，而站立后脱出物又可缩回，随脱出时间的延长，脱出部逐渐增大，可发展成阴道全脱。

2.阴道全脱　整个阴道呈红色大球状物脱出于阴门之外，而且猪站立后也不能缩回。有时直肠也同时脱出。如不及时治疗，常因脱出的阴道黏膜暴露于外界过久，而发生淤血、水肿及至损伤，发炎及坏死。

3.子宫套叠　病猪站立时常弓背、举尾、频频努责，做排尿姿势，有时排出少量粪尿。以手伸入产道，可摸到套叠的子宫角突入子宫颈或阴道内。病猪卧下时，有时可以发现阴道内突出红色的球状物。

4.子宫全脱　常常是两个角翻转脱出，脱出的子宫角很像脱出的肠管，但其表面紫红，并有许多横褶，可与肠管区别。子宫脱出时间稍久，黏膜发生淤血、水肿，暗红色。黏膜极易破裂出血。若脱出的子宫遭受感染，易并发败血症。脱出的子宫有时可将卵巢及子宫系膜扯断，而发生致死性内出血，病猪迅速出现急性贫血症状。

（二）防治措施

1.治疗 当发现母猪阴道脱或子宫脱时，首先用生理盐水冲洗脱出的阴道或子宫，然后用清洁消毒的毛巾或湿纱布包好，以防止擦伤及大出血，采取前低后高的姿势，用手推还。为防止再脱可缝合阴门。

为了有利于整复，须将母猪仰卧缚在梯子上，然后使梯子斜立成45～60° 角，使猪头向下；或者绑牢后肢后，将绳子通过高处的横木，用力拉绳吊起后躯，直到前肢离地为止。整复前用0.1%高锰酸钾，或0.1%新洁尔灭液冲洗子宫。水肿严重者可用3%明矾冲洗，子宫黏膜的小损伤应涂以2%碘酊，较大和较深的伤口应缝合。若患猪强力努责，可采用腰椎麻醉。同时用安钠咖10毫升和安乃近10毫升，肌肉注射，强心镇痛。

整复的方法是先从靠近阴门的部分开始，将阴道送入阴门内，再依次送子宫颈、子宫体及子宫角，最后将脱出的子宫全部推进骨盆腔。如未完全使之恢复原位，应注入灭菌溶液2 000～4 000毫升（每毫升加入100国际单位青霉素），以使子宫角恢复原位。为防止再脱，可用粗线在阴唇两侧结扎，大致3日后可拆线。为防止感染，整复后应肌肉注射青霉素，连注3～5日。

如脱出的子宫已发生穿孔，创口感染严重，以致出现产褥热或败血症，则无治疗价值，应果断送往屠宰场。

2.预防 为怀孕母猪提供全价而平衡的日粮，同时每天要有适当的运动，以增强母猪的体质。

母猪无乳综合征

关键技术

诊断：本病诊断的关键是母猪消瘦或患病，乳汁不足，子猪吃不饱，很快消瘦。

防治：本病防治的关键是加强怀孕母猪和哺乳母猪的饲养管

理，并定时按摩乳房，以促进产后泌乳。治疗可采用催乳灵片或中草药。

母猪无乳综合征，又称泌乳失败、产褥热毒血症性无乳症等，是母猪产后常发病之一。

本病主要是母猪在怀孕和哺乳期间饲喂不足或饲料营养价值不全所造成。此外，母猪患全身性严重疾病，热性传染病，乳房疾病，内分泌失调及过早交配，乳腺发育不全，均能引起母猪产后无乳或泌乳不足。

（一）诊断要点

营养不良性缺乳，母猪消瘦，乳汁分泌不足，子猪吃不饱，常追赶母猪吮乳，因此时常因饥饿嘶叫，并且很快消瘦。有的母猪产后体温升高，食欲废绝，精神沉郁，卧多立少，泌乳停止或只有少量乳汁，子猪叼住乳头不放，饥饿，嘶叫，消瘦；有的母猪产后体温、食欲、精神均正常，但泌乳少，放奶间隔时间过长，子猪吃不饱。

（二）防治措施

首先要加强怀孕母猪和哺乳母猪的饲养管理，为其提供全价日粮，使怀孕母猪保持中等膘情，并定时按摩乳房，以促进产后泌乳。对于产后少乳或无乳的母猪来说，一方面应积极治疗，另一方面要做好子猪的寄养或人工乳喂养工作，以保证子猪健康无病。

治疗母猪无乳或少乳可采用催乳灵片，每头母猪10片，每日1次，连服3～5次。

此外，中药也有一定疗效，可试用下列处方：

方1：王不留行、天花粉各60克，漏芦40克，僵蚕30克，猪蹄2对，水煮后分两次调在饲料中喂给。

方2：王不留行40克，通草、山甲、白术各15克，白芍、黄芪、党参、当归各20克，共研末调在饲料中喂服。

对于产后由于局部感染扩散而引起的体温升高，食欲不振或废绝，精神沉郁、泌乳减少或停止的猪，首先应肌肉注射青霉素、链霉素各150万～200万国际单位，每天2次，连用2～3天，同时注射强心药10%安钠咖5～10毫升，再静脉注射10%～20%葡萄糖注射液300～500毫升加5%碳酸氢钠溶液100毫升。若子宫有炎症，皮下或肌肉注射垂体后叶素2～4毫升，促使炎性分泌物排出。不允许冲洗子宫，以防感染恶化。

流产

关键技术

诊断：本病诊断的关键是在妊娠母猪未到预产时间产出胎儿，并且胎儿无生活能力。母猪表现阵痛起卧，阴门流出羊水，努责等。流产后，母猪常将胎儿吃掉。

防治：本病防治的关键是找出流产原因，进行预防。对怀孕母猪严禁鞭打、急赶，怀孕后期单圈喂养。若有流产先兆，可一次肌肉注射黄体酮15～25毫克。

流产是指母猪未到预产时间产出胎儿，并且胎儿无生活能力。若胎儿有生活能力则称为早产。

本病的病因较复杂，除引起胎动的各种机械原因外，某些传染病和寄生虫病，胃、肠、心、肺、肾等器官的内科病的重危期，生殖器官疾病，以及内服大剂量泻剂和其他可引起子宫收缩的药物等，都可引起流产。

（一）诊断要点

多数病例常常是突然发生，尤其在妊娠初期，很不易被发觉，基本上行为和食欲不见异常。有的在流产前数几日有精神倦怠，阵痛起卧，阴门流出羊水，努责等症状。一般流产后，母猪常将胎儿吃掉，不易被发现。

（二）防治措施

找出流产原因，针对病因进行预防。对怀孕母猪态度要温和，严禁鞭打、急赶，怀孕后期单圈喂养。初产母猪要注射细小病毒疫苗。若有流产先兆，可一次肌肉注射黄体酮15～25毫克。

难产

关键技术

诊断：本病诊断的关键是母猪分娩时努责力弱、次数少或强力努责，而不见胎儿产出或产出部分胎儿后，无力继续产出胎儿。母猪时起时卧，急躁不安，发出呻吟声。

防治：本病防治的关键是严防早配，妊娠母猪要有适当的运动。对子宫收缩微弱的，可皮下注射雌二醇和催产素，同时采取人工助产。胎儿过大或骨盆狭窄，可采取剖腹产。

由于母猪骨盆腔入口直径比胎儿最宽处的横断面长2倍，很容易产出胎儿。因此猪难产的发生率较其他家畜低。

难产的原因大致可分为：娩出力弱、产道狭窄、胎儿异常三类。

娩出力弱是由于饲养管理不当，使母猪过肥或过瘦，或运动不足所致。

产道狭窄多为骨盆狭窄，是由于母猪发育不全，或配种过早，骨盆尚未发育完善所致。

胎儿异常主要是指胎儿过大或畸形，胎位不正，胎向不正及胎势不正，妨碍胎儿产出。

（一）诊断要点

母猪在分娩时，表现努责力量弱，次数少，有的虽强力努责，羊水流出，而不见胎儿产出。有的母猪时起时卧，急躁不安，发出呻吟声。有的母猪产了部分胎儿后，由于努责与阵缩微弱，而不能继续产出胎儿。

（二）防治措施

1.治疗　对于子宫收缩微弱引起的难产，可每15～30分钟肌肉注射或皮下注射催产素20万～50万国际单位，5～10分钟即可见子宫收缩，并产出胎儿。在用催产素处理之前，先肌肉注射雌二醇15毫克，效果更加明显。

药物注射之后，经3～5小时，胎儿仍不产出，可采取人工助产法。将母猪侧卧保定，尾巴拉向一侧，用自来水、肥皂，把阴门、尾根及附近洗净。然后用0.1%高锰酸钾或0.5%来苏尔水消毒。术者指甲要剪短，手臂洗净，消毒，涂灭菌的润滑剂，伸入产道进行检查。先检查产道有无损伤然后检查胎儿的胎位、胎势及胎向是否正常；轻度异常者，只要抓到头和两前肢或两后肢，通常不要用多大力，即可拉出。有条件可用产科钳、猪索套、锐型或钝型钩子进行助产，但注意使用这些器械时要防止滑脱。对于死胎，可用钩子钩住胎儿的眼眶和硬腭进行牵拉。若发生臀部前置，先把手伸进产道，用食指从腹侧钩住每条后肢的飞节，拉它向后伸展，就能正常产出。助产后，要再次检查产道，是否有胎儿存在，产道是否损伤。

对于那些由于子宫颈开张不全、胎儿过大或骨盆腔狭窄引起的难产，可采取剖腹产手术方法。

2.预防 首先母猪必须达到体成熟才能配种，严防早配；其次加强妊娠母猪的饲养管理，平时要有适当的运动，此外注意及时淘汰老龄母猪。

产后瘫痪

关键技术

诊断：本病诊断的关键是母猪产子后，站立困难或不能站立。

防治：本病防治的关键是怀孕期间营养要全面和加强运动。发病时应投服缓泻剂或用温肥皂水灌肠，清除直肠内蓄粪。同时静脉注射葡萄糖酸钙或氯化钙。肌肉注射维丁胺性钙，或同时使用磷酸二氢钠以补磷。

母猪分娩后，突然发生的一种急性、严重的神经性疾病，其特征是知觉丧失、四肢瘫痪，称产后瘫痪。

产后瘫痪的病因很复杂，饲料中缺乏糖和维生素，钙、磷不足或比例不当。母猪分娩后，从乳汁中要排出大量的钙和磷，而从日粮中又得不到补充。产子多的母猪发病率较高；哺乳期长的母猪发病率高。

（一）诊断要点

本病多发生于产后2～5日。患畜精神极度委靡，一切反射变弱，甚至消失。食欲显著减退或废绝，粪便干硬且少，以后则停止排粪、排尿。轻者站立困难，重者不能站立，呈昏睡状态。乳汁很少或无乳，有时病猪卧伏，拒绝子猪哺乳。病程1～2天，有时达3～4天。

（二）防治措施

投服缓泻剂（硫酸钠或硫酸镁40克，一次内服），或用温肥皂水灌肠，清除直肠内蓄粪。同时静脉注射10%葡萄糖酸钙注射液50～150毫升或10%氯化钙20～50毫升。

肌肉注射维丁胶性钙注射液2～4毫升，每日或隔日1次，连用10～15日。若患有严重的低磷酸盐血症，必须用磷剂治疗。20%磷酸二氢钠注射液100～150毫升，缓慢静脉注射，每日1次，连用3日。同时用5%葡萄糖盐水注射液250毫升混合静脉注射，效果更好。

用草把或粗布摩擦病猪皮肤，以促进血液循环和神经机能恢复。增垫柔软的褥草，并常翻动病猪，以防发生褥疮。

死胎

关键技术

诊断：本病诊断的关键是母猪起卧不安，弓背努责，阴户流出污浊液体。在妊娠后期，用手按腹部检查无胎动。若死胎腐败，则发烧，呼吸、心跳加快等。

防治：本病防治的关键是防止妊娠母猪腹部受撞击。如果已诊断为死胎，可一次皮下注射催产素10～50国际单位。死胎全部排出后用高锰酸钾溶液冲洗子宫，然后放入金霉素或土霉素胶囊。

本病主要由于饲养管理不当所致。饲喂过于单一，蛋白质，矿物质尤其是钙、磷、碘的缺乏，维生素A和维生素E不足；饲喂腐败的肉、鱼类；猪体过肥，子宫周围沉积脂肪过多，导致子宫壁血液循环障碍，以致胎儿死亡。此外，妊娠母猪有妊娠疾病及传染病（细小病毒、日本脑炎病毒等）可引起死胎。妊娠母猪腹部受到打击、冲撞等也可损伤胎儿。

（一）诊断要点

初期，母猪精神不振，少食或不食；随后起卧不安，弓背努责，阴户流出污浊液体。在妊娠后期，用手按腹部检查，久无胎动。如果时间过长，病猪呆滞，不吃，逐渐消瘦。若死胎腐败，常有体温升高，呼吸急促，心跳加快等全身症状。若不及时治疗，常因急性子宫内膜炎而引起败血症死亡。

（二）防治措施

加强妊娠母猪的饲养管理，为其提供全价日粮，防止腹部直接受撞击。

如果已诊断为死胎，可手术取出，必要时可一次皮下注射催产素10～50国际单位。死胎全部排出后用1%高锰酸钾溶液、1%双氧水、生理盐水冲洗子宫，再注入碘制剂或投放金霉素或土霉素200万～300万国际单位胶囊。若病猪体温升高，可肌肉注射青霉素、链霉素，连续数日。